AF315234

# DU SEL MARIN,

## SES AVANTAGES ET SES INCONVÉNIENTS

## POUR L'AGRICULTURE PROVENÇALE,

PAR

### M. AMPHOUX DE BELLEVAL,

Propriétaire, Maire de Miramas.

Extrait du Bulletin de la Société départementale d'Agriculture des Bouches-du-Rhône
(N° 1 — 1868.)

**MARSEILLE.**

TYP. ET LITH. BARLATIER-FEISSAT ET DEMONCHY,
Rue Venture, 19.

—

**1868.**

# DU SEL MARIN,

## SES AVANTAGES ET SES INCONVÉNIENTS

### POUR L'AGRICULTURE PROVENÇALE.

*Sane nusquam alii terrarum tractus, hunc (salem)*
*luxuriosius producunt, quam provincia nostra.*
QUIQUERAN DE BEAUJEU, *de Laudibus Provinciæ;* p. 328.

Il n'y a pas de pays en l'univers, où le sel foisonne
mieux qu'au nôtre.
Trad. de CLARET liv. II, chap. LVIII, p. 448.

### CONSIDÉRATIONS GÉNÉRALES.

Nous abordons avec grande méfiance de nous-même une question de physiologie végétale hérissée de difficultés, et jusqu'ici négligée par la science.

Simple observateur des faits, nous les posons tels que l'agriculture peut les comprendre, et nous les abandonnons ensuite sans réserve aux méditations du savant pour les expliquer.

Nous espérons donc que le but élevé de notre tâche servira d'excuse à la témérité de nos efforts.

Dans la vie qui est faite aux êtres, la nature dut la leur accorder douce, attrayante et prospère. Force

fut donc de stimuler leurs organes, d'activer leurs
fonctions en excitant l'appétit chez les uns et l'absorption chez les autres, et de donner à tous ce besoin de l'existence, cette nécessité de vivre, ce désir
de leur reproduction, sans lesquels tout ne serait que
cahos et confusion dans la création, troubles et dérangements dans ses harmonies.

Ce sont les sels à base alcaline, à qui est dévolue cette
mission réparatrice, en même temps que stimulante.
Sans eux, cette corruption immonde, cette végétation
basse, obscure et si peu connue des *mucédinées* vien-
draient de nouveau s'emparer de la terre, comme elles
en étaient en possession à son premier âge, et nous
ramènerait à ses horreurs et à son néant.

C'est au sein des mers, où viennent aboutir et se
confondre tous les résidus de la vie, que se trouvent
ces sels alcalins, que l'évaporation entraîne et que
les pluies versent au loin sur les continents pour redonner aux terres cet aliment qui manque à la vigueur
des plantes, et fournir à l'homme les moyens d'échapper à l'épuisement du sol qu'il cultive.

C'est aussi sur les flancs des montagnes primiti-
ves, que les divers agents désagrégateurs les attaquent, les décomposent et les entraînent dans les eaux
des torrents, des rivières et des fleuves pour porter
la fertilité sur leurs bords.

C'est encore dans ces immenses déserts, *Sahara* de
l'Afrique, *Steppes* de l'Asie, *Savanes* de l'Amérique,
que se trouvent ces réservoirs inépuisables, ces ni-
trières qui se renouvellent sans cesse pour fournir à

l'intérieur des continents et loin du voisinage des mers cet excès d'animation, cette énergie de sève, cette recrudescence de forces vitales, qui manqueraient aux plantes de ces vastes contrées.

Or, ces fortifiants sympathiques à la constitution des plantes, ces excitants éminemment salutaires à leur vitalité; ces dissolvants de matières organiques si favorables à leur nutrition, sont les alcalis à base de soude et de potasse, que nous nous proposons d'étudier, et plus particulièrement le premier dans leurs effets sur notre agriculture méridionale.

On donnait anciennement à la potasse le nom d'*alcali végétal*, comme fourni en plus grande abondance par les végétaux, et à la soude celui d'*alcali minéral*, parce qu'on croyait qu'il appartenait exclusivement à ce règne.

Ces deux alcalis, qui forment la base, l'un du nitre et l'autre du sel marin, sont absorbés par la végétation, décomposés par elle pour n'en retenir que la partie alcaline. C'est ainsi qu'ils se combinent avec tous les acides, et forment autant de sels neutres différents selon l'influence du climat et les nécessités du sol qui les réclame.

Agronomiquement parlant, et en dehors des découvertes industrielles, nous dirons qu'on extrait la potasse des cendres des plantes par la lixiviation, et la soude par la combustion de celles dites maritimes.

La première est abondante dans les cendres des plantes vertes herbacées, et plus encore sur celles brûlées à leur point de maturité. La proportion diminue ensuite des feuilles aux branches, des branches au tronc et des arbustes aux arbres forestiers. Parmi ceux-ci même les arbres verts donnent moins de cendres que ceux qui se dépouillent de leurs feuilles en automne.

C'est le sol qui donne la potasse que réclame la végétation. Dans les diverses combinaisons qu'elle subit, elle forme des *sous-carbonates* qui sont très-abondants dans les fougères, les chardons, les tiges de fèves, de poix, de haricots et de maïs, ainsi que dans les arbustes, tels que les buis, le genêt et les bruyères ;

Des *muriates*, qui sont spéciaux à quelques végétaux ;

Des *sulfates*, qui accompagnent toujours les précédents ;

Des *acétates*, qui se font reconnaître en petite quantité dans la sève de presque tous les arbres ;

Des *phosphates* si remarquables dans les céréales du nord ;

Et enfin des sels particuliers, tels que le *bioxalate* de potasse dans quelques espèces du genre *rumex*, et dans les *oxalis*, connus sous le nom de sel d'oseille, et enfin le *tartrate* qui existe naturellement dans le raisin.

Relativement au *nitrate* de potasse, *nitre* lorsqu'il est raffiné, et *salpêtre* ou *sel de pierre* lorsqu'il ne l'est pas, on l'obtient sur les plâtras et vieux murs, et il se crée journellement dans les endroits où se rencontrent des substances végétales et animales en décomposition.

On retire encore ce sel par l'incinération des brous desséchés des fruits de l'amandier, ainsi que d'autres végétaux, tels que les borraginées, la pariétaire, la ciguë, le tabac qui le contiennent tout formé et souvent en grande quantité,

Quant à la soude, combinée qu'elle est avec certains acides, elle donne naissance à des sels qu'il est encore plus important de connaître à cause de leur influence plus directe sur la végétation locale. Nous ne parlerons pas de la soude *boratée*, qui se recueille dans la vase de certains lacs de l'Inde, et en Toscane, dans les lagonis, à l'état d'acide borique, et nous nous bornerons à ce qui nous est spécial.

1° Avec l'acide carbonique, la soude donne un *sous-carbonate*, sel acre, légèrement caustique, avec un goût urineux, et connu sous le nom de *natron*.

Abondant dans certains lacs qui le tiennent en dissolution, et où il est produit par la décomposition du *muriate* de soude par le carbonate calcaire, ce sel est retiré en Europe des plantes qui végètent sur les bords de la mer et à qui on a donné le nom de plantes maritimes pour les différencier des plantes marines qui vivent dans ses eaux.

La combustion de ces plantes donne une masse saline, dure, à demi-fondue, qui est la soude du commerce, et toujours plus ou moins pure, plus ou moins riche en salin selon la contrée qui la fournit. Ainsi, le *natron* d'Egypte, la *cendre* de Sicile et la *barille* d'Espagne sont en première ligne, et puis selon leur titre, et à des degrés bien inférieurs, le *salicor* de Narbonne, la *blanquette* d'Aigues-Mortes et le *varech* de Normandie.

C'est au calcaire contenu dans les sables-coquilliers qu'est due sa formation, et ce sont les plantes seules qui croissent naturellement sur les dunes de la mer, ou qui sont cultivées sur les bords des étangs salés qui le fournissent au commerce. Celui-ci l'emploie avantageusement dans les verreries par sa propriété particulière de rendre fusible la terre silicée, et d'y adhérer plus que la potasse.

2° Unie à l'acide muriatique, la soude donne le *muriate* de soude, partout abondant, partout en dissolution dans les eaux, et paraissant même à l'état solide dans les terrains secondaires où le sel gemme forme des masses considérables dans le voisinage des grandes chaînes de montagnes.

Si le sel est fourni par les lacs salés éloignés de la mer, et toujours plus nombreux dans les contrées chaudes, il est à remarquer que c'est un mélange dans des proportions variables, de *soude sulfatée* et de *magnésie sulfatée*, auxquelles se joignent accidentellement de la *soude carbonatée* et quelquefois de la *chaux carbonatée*.

On y retrouverait la même végétation que dans les eaux de la mer sans l'absence toujours reconnue des *varechs* (fucus) et des *sertulaires* (sertularia) qui ne s'y rencontrent jamais.

En Egypte, les divers sels contenus dans les lacs salés sont des *muriates*, *carbonates* et *sulfates* de soude. Lors de l'évaporation des eaux, c'est le sel marin qui cristallise le premier, ensuite le *natron*, de manière à former plusieurs couches alternatives au bout de quelques années.

Sur les nombreux lacs qui existent au nord de la mer Caspienne, tantôt l'eau est douce, tantôt elle est chargée de sel marin, et d'autres sont saturés d'un sel amer semblable au sel d'epsom (*sulfate de magnésie*) ; d'autres enfin contiennent simultanément ces deux espèces de sel, tantôt mêlées dans la totalité de leurs eaux, et tantôt séparées. Ainsi, on trouve le sel marin là où le sable est mêlée de vase; le sel d'epsom, où le fond du lac est tout vaseux, et l'eau douce, sur le sable le plus pur et le plus net.

Sur les immenses steppes qui les environnent, nulle trace de végétation arbustive, à peine quelques brins d'herbes jetés au milieu de ces vastes solitudes et pâturés par les troupeaux qui vaguent sur ces étendues sans bornes. Partout le sel s'effleurissant sur l'argile, et là où elle manque, le sable mouvant, jouet des vents tempétueux qui les désolent.

Quelle similitude de causes, quelle ressemblance de faits avec le Sahara de l'Afrique ! Pourquoi cette multitude de lacs salés dans leur voisinage et sous leur atmosphère ! Dans quel but, pour quelles fins ces dépôts, ces écoulements continus et sans cesse renaissants de matières salines ? Doit-on supposer qu'il y ait des contrées maudites et frappées de stérilité pour fournir et aider à la fertilité d'autres contrées ? Ah ! vraiment l'esprit se perd en considérant ces mystères impénétrables de la Providence !

1re P.                                                    2

Quant au sel marin, au sel commun qu'on retire par évaporation naturelle des eaux de la mer, d'autant plus chargées qu'elles sont voisines de l'équateur, il n'est jamais bien pur, et il est toujours uni à une petite quantité de *muriate de chaux*, qui lui donne la propriété d'attirer l'humidité de l'air et de paraître un peu mouillé.

Lors de la concentration des eaux sur nos marais salants, le sel marin cristallisant le premier laisse en dissolution d'autres sels à l'état de sulfates qu'on recueille par l'évaporation graduée des eaux-mères, et dont les cultures s'approprieront les éléments minéraux dont elles manquent.

La rareté des pluies que nous subissons en été, et l'élévation extrème que notre température éprouve pendant cette saison, ont fait descendre à plusieurs mètres au-dessous de la mer le niveau des nombreux étangs qui communiquaient anciennement avec elle, et qui en sont séparés aujourd'hui.

A mesure que l'évaporation journalière s'élève, la salure augmente, et elle est telle sur quelques-uns d'entre eux, comme sur celui de Lavalduc, par exemple, qu'aucun animal ne peut y vivre et que même les canards sauvages ne peuvent y trouver ni nourriture, ni refuge en hiver.

L'étang de Berre, lui-même, qui, au souvenir des traditions locales, laissait des assèchements annuels sur les hauts fonds de sa surface, ne doit le maintien de son niveau qu'aux affluents continus des canaux de Martigues, malgré les deux rivières qui se perdent dans son sein.

De là résulte des différences notables dans la qualité des sels recueillis sur les bords de ces étangs, de là les emplois divers réclamés par le commerce.

Enfin, sur le vaste déploiement de nos côtes maritimes, soit que le sel se montre en efflorescences capillaires, et en croûtes sans cesse renaissantes sur le sol bas et infiltré des attérissements que la mer pousse aux embouchures du Rhône, soit que sa présence dans l'atmosphère soit remarquée par tous les sens et laisse des traces visibles et palpables dans la simple évaporation de l'air, il constitue toujours pour notre agriculture un fait que nous ne devons pas ignorer et une aggravation de causes dont il faut tenir compte pour les combattre et les atténuer dans leurs effets.

3° La *soude sulfatée,* sel de Glauber, a un goût très-amer ; elle est presque toujours associée à la soude muriatée, et autres sels qui l'accompagnent dans les eaux qui les tiennent en dissolution. D'une cristallisation irrégulière, elle tombe promptement en poussière farineuse, et on dit alors qu'elle s'effleurit à l'air.

C'est en hiver que les lacs de Silésie offrent ce sel, et c'est en été ou en automne que ceux d'Afrique le présentent.

Sur le limon argileux de la Camargue et sur les bords durcis de nos étangs, le Tamaris s'approprie ce sel, et le fournit dans ses cendres. Seul, il peut vivre dans cette nature de sol, que chagrinent les efflorescences salines, et qui se refuse à toute autre végétation ; seul encore, parmi les arbres verts de la contrée, il perd ses feuilles et les renouvelle tous les ans. Est-ce à la présence du soufre qui se forme journellement dans les marais et la vase des étangs, et qui tend à purifier le sol des débris impurs des animaux et des plantes qui s'y décomposent, qu'est due la végétation particulière de cet arbuste, comme serait due au carbone résultant des débris coquilliers des sables marins la prospérité des plantes riveraines qui produisent le carbonate de soude ? Nous ne saurions le dire, car alors à quelle cause et pour quelle fin expliquer la présence du muriate de soude dans toutes les plantes soumises aux influences salines.

Après cette appréciation scientifique que nous venons de faire du sel marin, nous ne devons pas laisser ignorer le rôle que joue la soude dans la composition des minéraux, et nous dirons que le sodium, le potassium et le calcium ont des propriétés communes très nombreuses, entr'autres, celle très remarquable de se rencontrer souvent ensemble dans beaucoup d'espèces de minéraux, d'autres fois de se suppléer.

C'est ainsi que les feldspaths contiennent tantôt de la potasse, tantôt de la soude, et toujours de la chaux.

Et enfin que la soude et l'acide muriatique sont si fortement combinés, que l'action seule du feu ne saurait les désunir, et qu'on ne peut en opérer la décomposition que par le moyen des affinités chimiques, ainsi, par exemple si on y adjoint de l'acide nitrique, ou de l'acide sulfurique ils s'emparent de la soude, et forment de la soude sulfatée, tous produits qu'on retrouve dans l'analyse des plantes.

Mais c'est assez nous étendre sur les propriétés générales de ces sels, et nous allons nous réduire à ce qui est spécial à nos études agronomiques.

C'est dans l'air et dans la terre que la plante puise ces principes constituants, qui mêlés à d'autres forment sa nourriture minérale, et constituent sa structure végétale.

C'est dans l'air que la plante aspire ces fluides impondérables qui servent à sa nutrition, et c'est dans la terre qu'elle puise ces atomes qu'elle absorbe par son attraction

C'est par les aspirations aériennes que les feuilles s'alimentent des sucs vivifiants pour leurs fonctions, et c'est par les suçoirs souterrains que les racines s'approvisionnent de ces éléments réparateurs qui sont non seulement la nourriture de la plante, mais encore matière constituante de son essence.

Mais pour faciliter ces fonctions vitales, en même temps que régulatrices de l'harmonie végétale, il faut un agent médiateur pour les compléter, et c'est l'eau qui, dans l'état de vaporisation que l'air lui fait subir, est chargée de ce rôle.

Et c'est dans l'atomisation des particules salines, souvent combinées avec d'autres éléments non moins nécessaires, que l'absorption par la plante peut avoir lieu pour devenir partie intégrante de la constitution.

Ainsi les sels à base de soude et de potasse sont indispensables à la végétation, attendu qu'ils forment matière constituante, et nourriture de la plante, et que s'ils stimulent les vaisseaux absorbants, ce n'est qu'à leur profit et pour fortifier des organes affaiblis dans l'exercice de leurs fonctions.

Mais si l'humidité manque à la terre, et que la sécheresse de l'air vienne se joindre à l'action excitante de l'air marin, la plante souffre, elle se rabougrit sur elle-même, elle s'exténue dans sa torpeur maladive, et elle succombe quelquefois sous l'oppression de cette atmosphère acre et trop énergique.

Dissous dans l'eau, entraînés par l'évaporation dans la plante, ces sels alcalins, comme nous l'avons déjà dit, ont des propriétés communes très nombreuses, ils se rencontrent quelquefois ensemble, et d'autres fois ils se suppléent.

C'est ainsi qu'on voit la potasse se substituer à la soude dans ces plantes de terrains salés qui végétent loin de leur atmosphère habituelle, comme on reconnaît dans leurs cendres la soude qui remplace la potasse dans les céréales recoltées dans un terrain qui est imprégné de sel marin.

Toutefois les proportions acquises par la plante ne sont pas semblables à cause du plus ou moins d'âcreté que ces sels renferment, du plus ou moins d'infusion qu'ils présentent, du plus ou moins d'appétence qu'ils offrent à son organisation.

Ainsi, nous voyons la terre devenir infertile au dire de M. de Gasparin, lorsqu'elle renferme au delà de deux pour cent de sel marin et même moins d'après M. Plagnol, alors que l'analyse des plantes offre en faveur de la potasse des excédants bien plus considérables.

D'où il doit nécessairement résulter que la potasse, par sa déliquescence est bien plus absorbée par la plante que la soude, et qu'elle entre en proportion majeure dans son essence.

D'où encore le raisonnement suivant, qui paraît être sanctionné par l'expérience, que les rapports de climat et de température doivent être d'autant plus influents sur l'absorption d'un de ces sels à bases différentes, qu'il y aura plus de diversité entr'eux, et que si, dans les pays chauds, la soude est plutôt recherchée comme stimulant plus énergique, elle ne saurait toutefois anéantir entièrement l'intrusion de la potasse dans le végétal, en considérant la part grande qu'elle offre dans ses composés

Mais quelle que soit la quantité que la plante absorbe de chacun de ces alcalis fixes, ils ne sauraient être utilisés purs dans le sol à cause de leur causticité accrue de toutes les excitations des chaleurs solaires, et c'est par leurs diverses combinaisons avec d'autres constituants qu'ils agissent sur la végétation. De là, deux effets, l'un direct, qui s'applique aux organes extérieurs, alors que le sel est aspiré par la plante dans sa diffusion avec l'air ambiant, et l'autre indirect, quand par son intimité avec eux il rend assimilables, les carbonates, les sulfates que la terre renferme, et les rend fécondants d'inertes qu'ils étaient auparavant.

Ce sont ces agents excitateurs, provocateurs, et de plus fertilisants à cause de leur action dissolvante, que la compagnie des Salins du Midi a trouvé dans les résidus des eaux mères, jusqu'ici rejetées dans la mer, et qui, sous le nom de *sulfates alcalins* ont déjà trouvé leur emploi utile et convenable, auquel nous ne saurions trop applaudir, et que nous nous empresserons d'expérimenter.

Nous le désirons d'autant plus que nos terres sont fort appauvries des substances minérales que les cultures incessantes leur enlèvent, et puis, autre raison encore plus majeure, le long séjour des arbres récoltes, si multipliés qu'ils sont sur notre sol tourmenté et inégal, et si indispensables qu'ils se trouvent être devant la prolongation des sécheresses estivales, en font une nécessité et une loi.

Nous clôturerons ces notions préliminaires en disant que malgré la dénomination donnée à ce sel de *chlorure de sodium*, nous continuerons l'appelation usitée de *sel marin*, comme mieux reconnue par les agriculteurs, et pouvant mieux les éclairer dans la marche que nous nous sommes tracée.

## § I<sup>er</sup>

### TOPOGRAPHIE SPÉCIALE DU PAYS DE SEL.

Les côtes maritimes de la Provence s'étendent depuis les frontières de Nice jusqu'aux embouchures du Rhône ; mais indépendamment du long espace de terrain exposé à toute l'influence de l'air marin, son intérieur renferme plusieurs étangs salés, de nombreux marais, et si nous ajoutons à ces faits déjà dominants les belles exploitations salinières qui se trouvent sur plusieurs points, nous y trouverons tout autant de causes multiples d'évaporations salines, tout autant de surexcitations locales, tout autant d'atténuations atmosphériques à apprécier dans un but utile et profitable.

C'est dans le département des Bouches-du-Rhône et par nos propres études, que nous avons pu recueillir les faits que nous allons mettre en lumière ; mais ils peuvent s'appliquer aux départements voisins par conformité de sol, de climat et de position, et nous ne croyons pas mésuser de nos forces en les invitant à y chercher remède à leurs maux, comme soulagement à leurs cultures.

Quiqueran de Beaujeu, qui était de la ville d'Arles, dit dans son ouvrage de *Laudibus Provinciæ*, et Claret, son compatriote et son traducteur, répète d'après lui : *qu'il n'y a pas pays en l'univers, où le sel foisonne mieux qu'au nôtre*, cette affirmation, aussi vraie aujourd'hui qu'alors, résulte du long développement de ses côtes maritimes, ainsi que des grands amas d'eaux intérieures qui, par leur communication ou leur infiltration, recoivent le même degré de salure que la mer, et l'accroissent même par l'évaporation dans les grandes chaleurs.

Ainsi, en signalant comme l'effet le plus marquant de cette disposition du sol, nous trouvons d'abord la Camargue, qui doit toute son existence aux alluvions du Rhône, et dont la configuration actuelle, enserrée dans les deux bras de ce fleuve gagne de jour en jour

en surface sur la mer : elle en recule incessamment
les limites par les dépôts vaseux qui se forment au
sein des eaux pour s'élever ensuite insensiblement,
et qui finissent par appartenir à la terre qu'ils prolongent tant il est vrai de dire que si les eaux, corro-
dent les rivages escarpés, par contraire les rivages bas
et sablonneux se prolongent et gagnent en surface.

Mais indépendamment de cette action incessante
des eaux plus ou moins troubles du fleuve sur les
limites de la mer, les fureurs de celle-ci, ses débordements et ses caprices n'ont pas d'effet continu,
quoique désastreux quelquefois, aussi occasionnent-
ils au sol qu'elle délaisse après ses tourmentes, de
nombreux vides, d'immenses cuvettes, de profondes
lagunes, que les flots remuent, creusent et ils ne les
abandonnent que souillés d'imprégnations salines,
plus ou moins impures, et toujours croissant en causticité devant les chaleurs tropicales du climat.

Ces dépressions de terrain, qui n'ont subi aucune
modification depuis leur origine, privées qu'elles sont
des bienfaits des inondations du fleuve, forment encore aujourd'hui de vastes étangs dans le centre de
l'île, des terres vagues et incultes dévorées par le
salant, et des marais plus ou moins insalubres, et
ce n'est que sur les bords du fleuve, où sont établies
des chaussées de garantie contre ses crues, que
l'homme a dû restreindre ses cultures.

Aussi point de colmatage intérieur par l'effet des
inondations qui sont maîtrisées dans leurs bornes,
point de dessalaison du sol, point d'exhaussement du

niveau , alors que toutes les submersions fécondes du fleuve qui auraient enrichi le territoire de toute l'île transportent encore à la mer depuis des siècles les mêmes limons qui obstruent les dernières limites du fleuve , en contrarient la navigation et augmentent de plus en plus l'insalubrité et la stérilité de la contrée. C'est vraiment à ne pas y croire , et avouer une impuissance coupable devant les résultats immenses obtenus en Egypte depuis quelques années.

Sur la rive gauche du Rhône , se trouve, en outre, une vaste plaine en partie sablonneuse , saturée aussi de sel marin , elle faisait jadis partie de la Camargue, et la roubine qui formait l'ancien lit du Rhône , la partage en deux. Connue sous le nom du plan de Bourg , cette plaine, par la nature de son sol est identique à celui de l'île , et comme elle , elle est aussi couverte de marais et d'étangs , les eaux de ceux-ci sont salées à leur voisinage vers la mer, et seulement saumâtres dans les marais à cause des filtrations souterraines de la crau , qui sont si abondantes dans tout le pourtour de son étendue ; aussi forment-elles même dans son sein , là où la dépression du terrain le permet; de grands amas d'eau , accrus de toutes les colatures des irrigations voisines.

Au sud de la Crau et dans ses dernières pentes, se trouve l'étang de Lavalduc, dont les eaux acquièrent un si haut degré de salure par son isolement de la mer, et devant la grande évaporation qu'il subit.

Enfin aux environs de l'étang de Berre existent, au couchant de cette ville, d'immenses espaces marécageux qu'on a converti en salines , et où on exploite les eaux-mères pour en former de résidus salins pour l'agriculture qui jusqu'à présent n'en a pas assez apprécié la valeur.

D'après cet exposé , on conçoit de suite combien le degré de salure doit varier dans chacune des localités que nous venons de décrire , et en nous bornant à ce qui a été reconnu dans notre arrondissement , nous dirons, d'après la statistique, que la salure de l'étang de Lavalduc s'élève jusqu'à 23 degrés, lorsque celle de l'étang de Berre ne dépasse pas 5 et qu'elle atteint à peine 1 degré aux environ de Saint-Chamas à cause des eaux étrangères qui y affluent.

Toutefois , d'après des renseignements plus précis nous sommes tenus de contredire cette évaluation en ne portant la salure de l'étang de Lavalduc qu'à 15 degrés en temps ordinaire, celle de Berre vers les salines qu'à 2 degrés 1/2; et seulement à 1/2 degré vers Saint-Chamas. soit par plus grande abondance d'eaux douces qui y affluent soit pour évaluation plus précise qui nous a été communiquée.

Quoique diversement réparti selon les lieux et la position, on voit que le sel marin est très abondant dans ce département, et qu'il y exerce une influence majeure sur la température et sur son agriculture.

Par sa vaporisation, il exerce sa présence tant dans l'air sec et brûlant de la Crau comme dans l'humidité basse et lourde de la Camargue. Ce sont les deux extrêmes de son atomisation. Aussi les effets en sont ils disparates.

Mais indépendamment de cette vaporisation saline,
si tenue, si assimilable, si active que produisent le
voisinage de la mer et le vaste développement de nos
côtes, nous avons à signaler les infiltrations du sel à
travers les terres qu'il souille de ses efflorescences
et qu'il stérilise par sa causticité. Ce sera le sujet de
tout autant de paragraphes que nous aurons à dis-
cuter.

Nous ne saurions omettre une dernière circons-
tance par rapport au niveau de ces eaux intérieures
qui souillent notre sol.

Pendant l'été, et durant la saison des chaleurs, le
bassin de la Méditerranée, soumis qu'il est à des influences atmosphériques, baisse son niveau, et par
suite celui des étangs de la Camargue, ainsi que de
tous les étangs qui communiquent avec la mer, de là,
cristallisation saline à leur surface par suite de la dessication du sol ; mais en février, la mer reprenant sa
plus grande élévation, les terrains desséchés sont de
nouveau inondés, et le sel acquis s'y confond, s'il
n'en accroît la graduation, il en est de même de l'étang
de Berre, dont les eaux s'exhaussent de plus de 25
centimètres dans ce mois.

Par contre, dans les étangs et marais dont la communication a été interrompue avec la mer, les pluies
ne sauraient leur rendre ce que l'évaporation solaire
leur enlève ; et il en est tel comme l'étang de Lavalduc
et autres qui se trouvent de plusieurs mètres inférieurs à la mer et acquièrent par suite un degré de
salure très élevé.

S'il n'en est pas de même de l'étang de Berre, que les canaux maritimes de Martigues alimentent, il n'en est pas moins vrai que les rivières de l'Arc et de la Touloubre sont insuffisantes pour parer à son évaporation journalière, malgré qu'elles soient accrues des fuites des canaux d'arrosage, et il est indispensable que les canaux de Martigues y versent continuellement leur contingent pour maintenir son niveau égal à celui de la mer. D'ailleurs une tradition orale de la contrée, porte que dans les temps anciens, alors que sa communication avec la mer était interrompue, les bœufs des marais de Merveille venaient à travers les hauts fonds qui surgissaient en Eté, dépaître vers les côtes d'Istres, qui sont à l'opposé de la grande largeur de cet étang.

Comme nous venons de le voir, l'air salin, soit l'*aura maritima* proprement dit est très vif et très agissant sur les bords plats, souvent inondés, et toujours plus ou moins malsains des rivages de la mer. Mais à mesure qu'on s'en éloigne, et au-delà de la Crau si remarquable par sa siccité habituelle, l'atmosphère se trouve moins chargée de particules salines, à moins que ce ne soit sur le littoral de l'étang de Berre, où l'exploitation des salins établis sur ses bords lui redonne une activité énergique, et qui se fait remarquer dans la belle vallée de Lafare, où elle se combine encore avec la nature calcaire du sol, avec laquelle elle a tant d'analogie.

Aussi son influence s'y prolonge-t-elle, et s'y développerait bien d'avantage, et avec plus de profit,

s'il était permis de voir s'y réaliser bientôt ces pro-
messes d'irrigation depuis si longtemps conçues

En remontant au Nord et au milieu de ces collines
si accidentées qui offrent tant de traces d'anciens lacs
sans écoulement, et où on retrouve des vestiges sail-
lants de l'occupation romaine, on trouve sur leurs
divers sites étagés la culture soignée et étendue de
l'olivier à tige moyenne, à port réduit, à vie souvent
compromise par les froids, mais sur bien des points
secourue par l'arrosage, là, l'air salin, déjà affaibli,
est impuissant à lui donner cette grandeur de formes
cette robusticité qu'il étale dans le Var, et la soude y est
en partie remplacée par la potasse dans ses composés
intimes.

A cet égard nous dirons que nous développerons
plus bas cette assertion qui peut paraître hasardée,
privée qu'elle est d'analyse propre des composés de
la plante pour l'étayer : mais notre opinion, basée
qu'elle est sur des faits apparents et invariables
trouvés dans la diversité des rapports végétaux de
l'olivier selon le site où il repose, cesse d'être une
présomption, et mérite d'être élucidée par la science.
Nous le désirons vivement, et dussions-nous être con-
damné par elle, malgré nos aspirations agronomiques.
Toutefois il est fâcheux de dire que si le Nord se
montre si riche dans l'étude des substances qui en-
trent dans la composition de ses plantes, nous trouvons le Midi bien pauvre dans l'appréciation des
siennes si modifiées qu'elles sont au simple regard
de l'observateur.

Mais si l'olivier par sa végétation tardive, échappe aux dangers croissants de l'arrivée trop brusque des chaleurs solaires, et même s'y recrée comme condition de son climat, les céréales que recèlent ces creux, ces dépressions de terrain si multipliés dans ces localités, sont toujours plus ou moins exposées à cette action décevante pour leurs cultures, et il est à présumer que l'air salin, quoique bien mitigé, ne vienne augmenter cette malfaisance du climat en précipitant leur maturité.

Quant aux prairies, nous aurions au contraire à nous en féliciter, tant pour l'abondance des produits que pour la haute faveur qu'ils acquièrent.

Et pour les plantes champêtres qui, toutes rabougries dans leur ardeur, comprimée par la sécheresse estivale, garnissent nos aspérités rocheuses, le sel marin se reconnaît dans leur essence par la vivacité de leurs fleurs et le parfum qu'elles exhalent.

En revenant aux appréciations des lieux les plus exposés à cette influence saline, surexcitée qu'elle est en même temps qu'elle se montre délétère par son excès, on concevra facilement que la Camargue et la Crau doivent en offrir les deux points extrêmes par rapport à leur température respective. En effet, le voisinage du Rhône et l'immense étendue d'eau qu'elle recèle dans son sein doivent établir une grande différence entre l'humidité de l'une et la sécheresse de l'autre.

Ainsi si on ne compte que deux mois de sécheresse complète à Arles, on en reconnaît cinq pour la Crau.

et pour ses environs, soumis à son influence, et cir-
conscrits qu'ils sont au nord par le territoire de
Salon, marché agricole, et au midi par les environs
du Martigues, marché maritime.

Anssi les pluies arrivent-elles les premières dans
le vaste territoire d'Arles, et il est même quelquefois
visité en Eté par des orages à grand retentissement
de fluide électrique, qui viennent mourir sur les
lisières de la Crau.

Celle-ci, la dernière du département à être satis-
faite, ne se voie secourue qu'aux approches de l'équi-
noxe d'automne, et longtemps après que les contrées
voisines auront été abreuvées ; tant on semblerait
croire qu'à l'instar du Sahara de l'Egypte, dont l'influence est si grande, la Crau, par son air échauffé
et trop dilaté, repousse les premiers nuages, en dissipe
les vapeurs , et ne se voit rafraîchie par les pluies qu'à
la suite de son refroidissement graduel.

Les brouillards qui sont secs en juin, mais souvent
préjudiciables à la bonne mâturité des céréales qu'ils
atrophient dans leurs grains, se chargent d'humidité
en fin juillet à mesure que les nuits s'alongent, et ils
deviennent nuisibles et malsains dans le courant du
mois d'août, surchargés qu'ils sont de miasmes putrides.

Aussi sont-ils encore plus dommageables en Camargue, vu la nature du lieu , et ils le seraient bien
davantage sans la présence du sel marin, car c'est lui
qui préserve de la rouille au milieu de cette grande
évaporation cette belle végétation adventice qui se

développe sur tous les chaumes de l'année, et forme ces immenses tapis de verdure , composés en grande partie d'ivraie vivace (margais) qui sont d'un si grand secours pour l'élevage des troupeaux en hiver.

Le même état atmosphérique rend la cachexie aqueuse moins dangereuse qu'elle pourrait l'être sur une terre aussi humectée , mais les maladies charbonneuses sont plus à redouter en été parmi les troupeaux sédentaires.

De son côté , la Crau voit ses pâturages d'hiver ne s'épanouir que plus tard , et à cause de la maigreur de son sol : si elle étale une végétation bien inférieure à celle luxuriante de la Camargue, elle n'en est que plus relevée en principes nutritifs , et aussi contribue-t-elle à donner aux agneaux de camp, comme on les nomme, cette renommée qui est au-dessous de leurs qualités, grâces à l'assistance du sel marin dans son atmosphère si subtile.

Que dirons-nous des vents qui désolent la contrée, et qui à nos yeux sont si bienfaisants : réguliers , ils sont rafraîchissants en été, et calment l'acreté du sang, impétueux après les pluies locales ou lointaines ils sont violents et froids en hiver, mais en toutes saisons, ils sont éminemment salutaires, en chassant et dissipant les vapeurs impures qui rendraient la Provence inhabitable sous l'oppression d'une atmosphère surchargée de principes hétérogènes.

Le terrain connu et apprécié dans ses diverses phases, étudions-le dans ses diverses combinaisons culturales, et essayons d'y apporter quelques améliorations.

Nous ne pouvons nous dissimuler les difficultés qui ressortent de la division que nous avons adoptée sur les diverses actions que le sel marin peut exercer sur la végétation à cause de leurs corrélations intimes ; mais nous avons cru devoir l'observer séparément selon qu'il agît extérieurement sur les organes foliacés, et selon qu'il s'insinue par les suçoirs des racines, pour bien faire sentir leurs rapports mutuels sur l'existence de la plante. De là surgissent deux sujets d'appréciation, savoir le sel dans l'air, et le sel dans la terre, que nous allons faire connaître à notre point de vue, désireux que nous sommes de les éclaircir dans la mesure de nos forces.

## § II.

### DU SEL DANS L'AIR, SON INFLUENCE SUR LA VÉGÉTATION HERBACÉE.

La nature, toujours prévoyante dans ses fins, toujours attentive à secourir l'homme dans ses travaux, a multiplié et répandu sur toute la surface du globe terrestre les sels à base alcaline, que nous nous efforçons d'étudier dans leur action.

L'analyse chimique les a retrouvés dans les élements constitutifs du sol, et dans le produit de l'incinération des plantes. La physiologie végétale, dans leur juste appréciation, a dû à son tour leur assigner un des rôles les plus importants dans la vie des plantes.

En effet, puisque les plantes tirent de l'air ou puisent dans la terre les substances nécessaires à leur nutrition, nul doute que ces sels ne concourent à en favoriser la décomposition, à en accélérer l'assimilation en s'incorporant et s'identifiant avec elles.

Ce sont, comme on voit, les moteurs les plus puissants de leur organisation, les stimulants les plus énergiques de leurs fonctions, les agents les plus actifs de leur développement.

Ils s'introduisent dans les feuilles par l'acte même de la respiration, et ils en rendent les parties vertes plus fermes, plus épaisses et plus aptes par cela même dans leur force d'inspiration.

Ils sont encore aspirés par les suçoirs des racines dans leur immixtion aux engrais organiques, dont ils modifient les combinaisons, dont ils transforment la nature, dont ils développent les effets.

Ils activent enfin l'absorption de l'acide carbonique, et donnent cet immense résultat de faire vivre les plantes bien plus aux dépens de l'atmosphère qu'au dépens du sol.

Toutefois forcé de nous restreindre au sujet spécial de nos investigations agricoles, nous allons succinctement faire saisir les rapports que nous avons cru reconnaître exister entre la potassse et la soude, et nous nous réduirons ensuite à ce qui est particulier à cette dernière dans sa combinaison avec le chlore pour former ce que nous appelons le sel marin.

Ce n'est pas en proportion démesurée, mais en très petite quantité et dissous dans l'eau que les sels sont avantageux à la plante. Autrement ils deviennent caustiques et brûlants d'excitants et de stimulants qu'ils doivent être, et leur excès entraîne alors le dépérissement de la plante.

Aussi leur absorption doit être graduée aux besoins du végétal, proportionnée aux progrès de son développement, et en tout assimilée aux conditions de son organisation.

Ces observations résultent encore du degré de force vitale de la plante, et elle contiendra d'autant plus de sels que ses fonctions assimilatrices seront plus puissantes, et d'autant moins qu'elle sera plus contrariée dans sa station naturelle, et qu'elle se trouvera dépaysée par la culture, loin de ses habitudes locales, et en dehors de ses caractères constitutionnels.

De là, des proportions variables de ces substances salines dans les organes de la plante, quelque simultanée que soit leur action, de là encore substitution même d'un alcali à l'autre selon le sol qui la cultive, et le climat qui la nourrit.

Quant à la substitution d'un alcali à l'autre, apprécions-en les résultats. Ainsi la salsola kadi, qui croit sur les bords de la mer, voit la potasse remplacer la soude, en remontant dans l'intérieur des terres, et les céréales cultivées sur des terrains salants, prendre de la soude en compensation du phosphate de potasse qu'elles quittent.

La beauté de la végétation de celles-ci et la supériorité incontestée de leurs produits prouveraient que cette substitution a été à leur avantage, et la langueur et le dépérissement de l'autre dans son immigration terrienne, démontreraient au contraire

par rapport à la constitution le besoin d'une atmosphère âcre, excitante et partant éminemment saline.

Ne paraît-il pas résulter encore d'après ces faits
dignes de remarque, que le tempérament des plantes
du midi pourrait réclamer un condiment plus énergique, un stimulant plus actif pour leurs organes et
leurs fonctions que celui attribué aux plantes du
Nord.

Toutefois, pour mitiger ce jugement dans ce qu'il
peut avoir de trop absolu, voyons ce qu'un genre de
plantes bien connu peut offrir à notre pensée.

Ainsi, quoique résultat d'un germe méridional, les
céréales se sont insensiblement avancées dans le nord,
secourues qu'elles ont été par les cultures de l'homme,
et favorisées qu'elles ont pu être par toute la sou-
plesse de leur végétation, tant à ce qui est utile,
Dieu a donné le pouvoir de prospérer et de s'étendre.

Mais en modifiant leurs caractères, elles se sont ap-
propriées d'autres constituants et forcées de subir l'influence de climats plus rudes et plus âpres, elles ont
dû éprouver des différences sensibles dans leur organisation, de là une distinction essentielle à faire par
rapport au climat, au site et à l'exposition.

Ainsi les blés durs sont restés aux climats chauds,
comme type de leur première constitution, et comme
les plus chargés de principes salins, et les blés tendres
aux régions tempérées, comme conquête de la culture,
comme asservissement de la nature.

Parmi ceux ci, les blés rouges ont prospéré dans
les plaines, dans les bassins, et dans les vallées et les

blés blancs sur les hauteurs et sur tous les lieux secs
et ventilés.

Ici, en Provence, les blés rouges se sont modifiés
de la manière suivante :

La seissette, dont le grain est le plus menu, le plus
fin et le plus recherché, appartient exclusivement aux
terrains salants de la Camargue, l'anffègue qui n'en
est qu'une modification ou abâtardissement, si l'on
veut, est moins exigeante, et se comporte dans toutes
les terres humides et basses de la Provence centrale,
et enfin les diverses aubaines, grossières, il est vrai,
mais riches en gluten et ne redoutant pas la coulure,
prospèrent dans les terrains gras, sur des prés défri-
chés, et compensent par leur rendement l'infériorité
de leurs qualités.

Quant à la touzelle, qui est le blé blanc par excel-
lence de la contrée, c'est le privilegié à juste titre des
cultures de l'intérieur, et l'unique ressource des positions froides et découvertes.

D'où il semblerait résulter de cet ensemble de comparaisons que la touzelle serait le blé à potasse de la
Provence, et la seissette celui à soude de la Camargue,
et enfin l'anffègue comme l'aubaine, des blés partici-
pant de l'un ou de l'autre des premiers et tenant plus
ou moins de leur composé selon le lieu de leur culture.

De tout ceci nous conclùrons que si ces deux alcalis
peuvent se substituer l'un à l'autre, il est constant
qu'ils existent toujours simultanément dans les plantes dans des proportions variables selon le sol et le
climat.

Nous croyons avoir remarqué en outre que la potasse, si utilement profitable aux cultures du Nord,
y remplit le premier rôle, mais que si son absence est
le signe de l'infertilité, elle ne nuit jamais par trop
d'abondance, et ne fatigue pas la plante par une surexcitation outrée et comme conséquence, par l'énervation de ses fonctions.

Tandis qu'ici, en Provence, la soude qui la remplace, réclame une végétation toute spéciale pour en
modérer les excès, et toujours une grande humidité
nocturne pour faciliter l'absorption, et adoucir l'âcreté
des émanations salines que les chaleurs ardentes du
jour développent.

Et qu'alors, c'est à activer la déliquescence de
l'une et à modérer la causticité de l'autre, que l'homme
doit porter tous ses soins, et que l'agriculture doit
entrevoir le progrès.

Maintenant, si nous reconnaissons les diverses stations des plantes, à partir des rivages de la mer, nous
verrons que parmi les plantes qui y viennent, ce 'sont
les saticornes et autres plantes maritimes qui s'y complaisent, qu'ensuite viennent les scabieuses maritimes,
le galium, au feuillage glauque et charnu, et enfin en
entrant dans les terres, et en dehors du terrain salant,
les divers cistes, les lavandes, le thym, le nerprun,
le cade, la sauge, le chêne kermés, mais pas encore
le buis, qui, quoique commun dans le calcaire, ne se
montre que sur les dépressions des collines intérieures.

Ce ne sont, comme on voit, que des plantes à cons-

titution dure, coriace, à feuilles persistantes et à nature sèche, évaporant peu et parfaitement résistantes
aux longues ardeurs des étés.

Mêmes modifications se remarquent dans les caractères des plantes que la culture s'est appropriée, car
si l'air salant leur donne plus d'activité, elle ne sauraient échapper à son influence, et selon qu'elles se
trouvent exposées à toute l'intensité des ardeurs
solaires, ce qui les racornit sur elles mêmes, ou que
secourues par l'eau, elles puissent développer des
formes luxuriantes, et une force expansive des plus
grandes, toujours est-il qu'elles portent le cachet de
l'atmosphère locale, et que si elles participent à tous
ses avantages elles en subissent aussi les inconve-
nients.

Aussi partagerons-nous entièrement l'opinion de
Volney et de Clot-Bey, quand ils disent que le climat
de la région méditerranéenne qui nous occupe est ex-
clusif et intolérant, quoique nécessairement à moindre degré que celui de l'Egypte qu'ils citent.

D'où résulte pour notre contrée que tous les produits du Nord, largement développés par les cultures,
quoique issus d'un germe sorti des pays chauds, y
dégénèrent rapidement, et leurs semences s'abâtar-
dissent pour revenir à leur première origine, s'ils ne
sont renouvelés presque tous les ans par des graines
recueillies dans les pays à cultures mitigées et à air
saturé de potasse.

Cette action toute intérieure que cet alcali végétal
exerce sur la vitalité de la plante, se fait également

reconnaître sur les plantes-racines ou tubercules qui prospèrent également mieux dans le Nord que dans le Midi, et c'est ce qu'on remarque sur les pommes de terre, qu'on renouvelle tous les ans, épuisées qu'elles sont ici par la luxuriance du feuillage, et sa prédisposition à la granaison. Il en est ainsi sur les navets et sur les carottes, qui offrent les mêmes aptitudes de rénovation, et aussi sur la betterave que le Nord a si multipliée dans ses variétés culturales, et que nous ne pouvons arrêter dans les mêmes excès de température, que par une végétation continue et largement abreuvée.

Quant à celle-ci, nous ajouterons que, contre l'opinion de Chaptal et de Becquerel, cette racine aurait pu être adoptée par l'industrie sucrière dans le Midi, malgré qu'elle marquât à l'analyse plus de deux pour cent de sel marin, alors que dans le Nord la potasse y représente plus de huit pour cent.

Alors on était convaincu que le sel marin était nuisible à la saccharification, et on était parvenu en partie à annuler cette propension à l'absorption du sel de soude en buttant fortement le collet de la racine, comme M. Franchesciny avait opéré aux environs de Naples.

Mais aujourd'hui il a été reconnu dans le nord de la France que pour les sucreries situées à quelques kilomètres de la mer, et sur des champs légers et sablonneux, l'analyse avait constaté que la betterave contenait plus de soude que de potasse, et que cette substitution d'un sel à un autre ne nuisait pas à la sécrétion du sucre (1) : ce qui n'avait pas empêché ces établissements de faire de bonnes affaires, lorsque toutes les conditions d'exploitation y concouraient.

Comme on voit, même dans le Nord, et dans un rayon plus resserré sans doute que sur les bords méditerrranéens, la soude peut se substituer à la potasse pendant la végétation sans nuire aux principes saccharins de la plante, et sa diffusibilité être en raison inverse avec le pouvoir absorbant de la terre.

Nous avons vu que c'est sur cette surexcitation intérieure provoquée par le sel marin que l'homme a peine à défendre les plantes bisannuelles de cette ardeur prolifique qui les porte à évoluer dans la même année leur révolution complète. Heureusement pour l'humanité entière, les céréales peuvent échapper à ce danger par leurs semailles tardives, le long repos que l'hiver leur donne pour assurer leur végétation intérieure et par-dessus tout leur maturité précoce ; et remarquons encore que pour le riz, unique nourriture des pays chauds, c'est à l'excès même des chaleurs que sont dues la promptitude et l'abondance de sa végétation toute estivale, comme à l'abreuvement continuel du sol l'infailllibilité de sa réussite. Reconnaissons-là un des grands bienfaits de la Providence, et humilions-nous devant elle.

N'oublions pas toutefois que quelques plantes potagères sont spéciales à notre climat, et que, loin de dégénérer, elles réclament notre sol avec ses sels pour

_______

(1) *Journal d'agriculture pratique.* 1867. t. II. p. 199.

fructifier et se reproduire. C'est ainsi que les haricots noirs ( dolics ) et les fèves de marins ne deviennent comestibles que sur les bords de la mer, et que les pois-chiches, si rebelles au sulfate de chaux, ne prennent jamais assez d'alcali pour n'en pas exiger pour leur cuisson.

Pour les cucurbitacées, dont nous nous glorifions dans leurs immenses variétés, ce n'est qu'en châtrant souvent leurs tiges, et par un excès d'humidité que nous en obtenons ces produits aussi abondants par leur fertilité que savoureux par leur délicatesse.

Avant de clôturer ce paragraphe, relatons un passage très-important de *Clot-Bey* sur l'appréciation qu'il fait des prairies en Egypte, et puisons-y des motifs d'émulation (1).

« Il n'y a pas en Egypte de prairies naturelles, « parce que si on en laissait se développer, elles se- « raient bientôt couvertes de plantes épineuses et de « roseaux. On cultive donc des prairies artificielles, « parmi lesquelles le trèfle joue un très-grand rôle. « Il est semé vers la fin de l'inondation, et arrive à « une hauteur d'environ deux pieds ; il est plus ten- « dre que le trèfle des prés de France, et ses fleurs « sont blanches. Depuis le mois d'octobre jusqu'au « mois d'avril, on le coupe trois ou quatre fois, on « s'en sert aussi pour faire du foin. Le fenu grec « entre à la fois dans la nourriture des hommes et « dans celle des animaux. Il ressemble assez au « trèfle, mais il ne dure qu'environ deux mois.

(1) *Aperçu général sur l'Égypte.* t. 1, p. 110.

« Depuis le gouvernement de Mehemet-Ali, beau-
« coup de plantes fourragères ont été introduites,
« telles sont la luzerne, le sainfoin, etc. Parmi les
« semences étrangères, il en est une qui mérite d'être
« distinguée, c'est une luzerne cultivée depuis long-
« temps à la Mecque, qui est d'une fécondité presque
« incroyable. En été, lorsqu'elle est bien arrosée,
« on peut la faucher jusqu'à trois fois par mois. »

Si nous admirons les efforts tentés dans ce beau pays, qui tient toute sa puissance de l'initiative humaine, pour accroître la masse des fourrages, indices certains d'une agriculture en progrès, nous reconnaîtrons chez nous une défaillance de forces végétatives par suite de la diminution des chaleurs solaires et de la moindre excitation des principes alcalins, d'où impossibilité de réaliser de pareils résultats culturaux.

Ici, ce n'est que sous les énervantes chaleurs du mois d'août, qu'apparaissent dans les prairies les renoncules noires, les bouillons blancs, les rumex, les scabieuses et autres plantes nuisibles au foin, mais bien moins ravageuses qu'en Egypte, quoique agissant sous la même influence salifère, mais à un moindre degré qu'il faut reconnaître.

Quant au trèfle, c'est le trèfle incarnat ou de Roussillon qui réussit en Camargue, et ne craint pas la sécheresse, mais il est annuel, et par suite moins immiscé dans les particules salines.

Pour le sainfoin, il exige l'élément calcaire pour réussir, et attendu sa grande vivacité d'action, il réclame l'arrosage pour être bonne plante d'assolement.

Mais la luzerne est la plante fourragère qui réussit le mieux dans les terres légères de la Camargue, fortement fumées qu'elles soient pour neutraliser l'excès du sel, et être tous les ans légèrement sarclées par un labour d'hiver. Elle ne saurait être trop propagée soit par la bonté de son fourrage, soit par la multiplicité de ses coupes, mais elle est bien loin de celle citée par Clot-Bey, qui se fauche jusqu'à trois fois par mois.

De tous ces faits fournis par l'observation sur l'action du sel sur la végétation, il résulte que :

Par rapport à la pratique agricole, et non à la pratique scientifique, à laquelle nous n'avons pas droit de prétendre, le sel agit comme stimulant, en tant qu'il est enveloppé, atténué et dissous dans un milieu humide qui détruit sa causticité, ne maintient que son action excitante, et se vaporise pour faciliter son introduction dans les pores de la plante ;

Que cet état d'humidité doit être constant, permanent pour rendre l'absorption toujours égale, toute inoffensive et jamais corrosive ;

Qu'à la moindre siccité dans l'air, au moindre dessèchement du sol, le sel cesse d'être favorable pour devenir nuisible par son contact immédiat, et sans milieu pour le mitiger, en s'effleurissant à la surface des corps, comme le pulverel le démontre, ou tel qu'il apparaît sur la terre sèche alors qu'il brûle le germe des plantes à leur sortie ;

Enfin, que ce n'est qu'en entretenant l'humidité du sol pour maintenir celle de l'air à l'effet de faciliter l'absorption du sel marin sans nocuité aucune, qu'on peut vouer à la culture les terres naturellement salantes, et y ramener celles qui n'avaient aucune végétation à étaler.

L'Egypte est là pour le prouver, car là où les eaux du Nil ne peuvent atteindre, le désert est là pour s'en emparer, et y étendre son voile de deuil et de mort.

Aussi, dirons-nous en concluant, que les irrigations sont indispensables en Provence pour utiliser les forces du climat, et elles ne sauraient être trop répandues pour ses besoins.

## § III.

### DU SEL DANS LA TERRE, SES EFFETS SUR LA VÉGÉTATION ARBUSTIVE.

Nous venons d'examiner l'action du *sel dans l'air* sur la végétation herbacée, comme plus portée à s'approprier ces atomes salins, dont l'eau est le véhicule dans l'atmosphère, et sans nier leur absorption par le sol, reconnaître qu'elle y puise du ton pour reconforter ses organes affaiblis sous le poids des chaleurs solaires, et y manifester comme conséquence de leur immixtion une énergie prolifique plutôt qu'engraissante.

Maintenant nous allons trouver dans l'introduction du *sel dans la terre,* une non moindre coopération d'action et d'influence sur l'existence des arbres-récoltes de la contrée, et malgré qu'il existe une coïncidence nécessaire entre ces deux manières d'agir, il n'en est pas moins vrai qu'ils opèrent diversement, et nous dirons, selon les chimistes, que si les végétaux vivent aux dépens de l'air et du sol, l'un leur fournit les éléments nécessaires à la respiration, et l'autre les éléments organiques et inorganiques qui servent à leur nutrition.

A la végétation toute expansive des herbes dans l'air salin qui les entoure, il faut de plus pour les arbres une atmosphère plus chargée de particules salines, et plus d'humidité pour les dissoudre, à l'effet d'acquérir cette énergie nécessaire pour se les approprier. Comparez, en effet, la nature sèche, brûlante et éminemment caustique de la Crau, où vous trouvez épars quelques oliviers sauvages, tout rabougris et resserrés sur eux-mêmes aux arbres beaux de fraîcheur, humectés qu'ils sont par l'eau douce des roubines dans la Camargue, et vous pourrez juger du contraste des effets du salant dans ces deux positions.

Or, pour que les arbres puissent, sous cette impression alcaline qui les brûle, obtenir les caractères propres au climat et y développer des fonctions applicables, il faut de l'eau à la terre, il faut de l'humidité dans le sol et des vapeurs spéciales dans l'air pour donner à l'arbre cette exubérance de vie, que le mûrier, par exemple, nous montre quelquefois par des pousses de plus de quatre mètres dans une seule année.

Mais ce qu'un arbre cosmopolite nous offre dans sa surexcitation vitale n'est pas le caractère distinctif de

l'arbre du climat chaud soumis à toutes les influences
salines, et nous trouverons des modifications essen-
tielles à faire remarquer tant dans son être que dans
son organisme végétal, à l'effet d'y conformer son
tempérament et sa constitution.

Ainsi, en analysant celui-ci dans ses divers composés, nous trouverons la sève ni trop aqueuse ni trop
abondante, mais bien gommeuse ou résineuse et même
exsudant dans les grandes chaleurs par tous les
pores, tant par le bois que par les feuilles, et élabo-
rant ces sucs propres, si recherchés par les arts.

Quant au bois, sa contexture ligneuse est dure,
ferme, lourde, compacte, d'une cassure nette, et sur
quelques-uns sans nervure apparente.

La feuillaison non caduque mais persistante et à
chute insensible pendant l'été, pour ne laisser voir
que les feuilles des deux dernières années à l'entrée
de l'hiver, pendant lequel l'arbre ne cesse même de
transpirer.

Et enfin pour sa floraison, rarement surprise par
les froids, et bien souvent exubérante en produits,
l'arbre donne des fruits d'autant plus savoureux ou
élevés en qualités, que le climat maritime aura été
plus généreux, et loin des atteintes mortelles du pulverel, si redoutable sous l'impression des vents dominants, à cause des cristallisations salines dont il couvre l'arbre.

Mais, dira-t-on, d'où vient que les fruits, tels que
les oranges, les olives, ainsi que les cones de pins piniers, et en général les fruits des arbres à feuilles

persistantes, mûrissent plutôt ici en Provence, où nous sommes placés dans les moyennes et même dernières limites de leur culture, que là où ces mêmes arbres peuvent se développer dans toute leur grandeur? C'est que la durée de la surexcitation saline est moins longue, que peut-être la potasse remplace la soude, et qu'enfin l'approche des froids, en en paralysant l'action, a hâte de précipiter leur maturité aux dépens de la parfaite qualité du fruit. C'est ce que nous voyons sur les oranges d'Hyères et les olives des Bouches-du-Rhône, comparées aux oranges du Portugal et d'Espagne, et aux olives du Var.

Nous finirons cet examen des propriétés physiques acquises à l'arbre des côtes maritimes sous l'influence toute puissante des émanations salines, en disant que dans son port, s'il étale une vigueur surprenante, il manifeste aussi une tendance à l'émancipation la plus complète, à la révolte la plus effrénée que l'homme essayerait en vain de comprimer, et à cet égard nous en voyons de nombreux exemples sur les oliviers d'Afrique, dont l'origine se perd dans la nuit des temps. En vain l'homme cherche-t-il à la maîtriser, il se refuse à toutes les avances et il ne se soumet à ses ravalements qu'en s'élevant plus haut qu'on ne le rabaisse. Indisciplinable sous la main qui veut le dompter, il ne lui accorde ses faveurs que quand il lui plaît, sans régularité aucune et en véritable enfant du désert.

Mais nous ne sommes pas exposés en Provence, et même dans le Var, à tous les caprices d'une végétation désordonnée et indomptable, comme celle que nous venons de décrire. Ici, les chaleurs sont bien moins fortes et bien moins longues. Aussi la nature y est-elle moins vive, et la main de l'homme plus sensible, et son action plus réelle. Nous trouverons bien dans l'olivier du pays à sel de soude quelques écarts difficiles à comprimer, mais nous reconnaîtrons dans ceux à sel de potasse plus de régularité dans l'é-mission de leurs produits et plus d'asservissement aux volontés de l'homme. Si plus exposés aux rigueurs du froid, ils en subissent plus fatalement les chances, du moins par la promptitude à renaître de leurs sou-ches, et par leur précocité à fructifier, ils en rendent la privation moins dure et moins longue que sur ceux à base de soude.

Etudions donc notre arbre de prédilection avec tout le désir de recréer de plus en plus son existence si nécessaire et si profitable à notre contrée, et tàchons de reconnaître sous quelle atmosphère mitigée il vit afin de déterminer la base alcaline qui l'enveloppe et la rendre plus accessible aux progrès de la culture.

La zone des oliviers en Provence s'étend sur les côtes maritimes ; et ne s'enfonce dans l'intérieur des terres que sur quelques points, là où l'*aura maritima* peut aboutir par quelque vallée le long des cours d'eau, et à l'abri méridional des divers échelons de nos nombreuses collines. Toujours est-il qu'il pourrait être beaucoup plus multiplié dans ses plantations sans nuire aux autres produits agricoles.

Nous devons au bon Toulousan , créateur des

*Annales provençales d'agriculture*, si longtemps poursuivies par **M.** Plauche, dont nous déplorons la mort récente, la division si bien conçue par cet esprit si lucide des qualités de cet arbre, qui amène avec elle la distinction non moins réelle d'oliviers à sel de soude et d'oliviers à sel de potasse, comme nous chercherons à le prouver.

Cet éminent savant, dont les connaissances étaient si étendues, et à qui est due, conjointement avec **M.** Négrel-Féraud, son modeste collaborateur, la rédaction de la statistique du département, a jeté par cette distinction agronomique une clarté si pure dans les diverses variétés de cet arbre quelle élucide notre travail en le rendant facile à saisir.

D'abord pour l'origine il assigne aux oliviers du Var pour berceau l'Italie, et la Grèce à ceux des Bouches-du-Rhône par les Phocéens, et longtemps avant ceux du Var, dont l'introduction n'eut lieu que sous Tarquin

D'où il a formé deux classes bien distinctes des nombreuses variétés d'oliviers cultivés dans la Basse Provence, y compris le Var qui en fait partie (1).

Les oliviers de ce département, dit-il, sont forts de bois et faibles de feuillage, et leurs fruits sont grêles, noirs, flétris à leur maturité, moins sujets aux vers et susceptibles d'être conservés sans altération.

Ils doivent être cueillis en parfaite maturité, et comme ces espèces d'olives sont en quelque sorte

(1) *Annales Provençales*. t. i. p. 238 et suiv., p, 370 et suiv.

inaltérables dans leur partie huileuse , on peut les laisser sans crainte sur l'arbre ou sur la terre, la gelée et l'humidité ne leur enlevant pas une seule goutte d'huile ; au contraire, elles exigent une sorte de macération préparatoire avant de les détriter.

Quant aux variétés cultivées dans les Bouches-du-Rhône., les arbres petits ou moyens produisent des olives à fruits charnus , qui sont d'un noir rougeâtre mêlés de taches vertes à leur maturité, la moindre gelée les altère et les dispose à la pourriture, et le sol calcaire est le seul qui leur convienne. Ce qui est digne de remarque.

A l'inverse des premiers , ceux-ci ont trop de feuillage et peu de bois, et s'ils ne peuvent supporter la taille ou mieux, le ravalement auquel les premiers sont soumis à certains intervalles pour obtenir plus de feuillage encore et par conséquent plus d'olives , ils demandent à être émondés plus souvent pour porter du fruit toutes les années.

Quant à la qualité de l'huile, Toulouzan n'est pas moins explicite dans l'appréciation qu'il en fait. Ainsi il pose en première ligne les huiles d'Aix et de la vallée de Lafare, et regarde comme inférieure celle de Marseille ; mais il reproche au goût du fruit auquel les provençaux tiennent tant, une amertume qui lui est propre et qui tend de plus en plus à en diminuer la consommation. Quant à cela, il oublie que cette huile est d'une conservation parfaite et qu'à cause de sa légèreté elle sera toujours recherchée, n'étant consommée au goût de certains gosiers qu'à la deuxième ou même à la troisième année de sa fabrication : aussi est-elle insuffisante pour les demandes qu'on en fait, et souvent remplacée frauduleusement par d'autres.

Pour ce qui concerne les olives grêles du département du Var, comme il convient d'attendre qu'elles tombent d'elles-mêmes, et qu'elles soient noires et flétries, c'est-à-dire dans leur plus haut degré de maturité pour être triturées, elles ne donnent que des huiles grasses, propres à la fabrication des savons, à la préparation des draps et à plusieurs autres usages réclamés par l'industrie. Ce jugement peut être trop absolu en 1827, époque où Toulouzan écrivait, l'est bien plus aujourd'hui, grâces aux soins bien entendus de leur fabrication, et on obtient des huiles mangeables, mais toujours bien inférieures, et plus épaisses que celles des Bouches-du-Rhône.

Quelle est donc la cause qui a mis une pareille ligne de séparation entre les diverses variétés du même arbre, alors que leurs cultures se touchent, et que nous voyons des différences si remarquables dans leur manière d'être, de végéter et dans leurs produits Ce ne saurait être la nature du terrain, qui est calcaire sur un point et schisteux sur l'autre ; mais outre que la même homogénéité n'existe pas partout, alors que les mêmes caractères indélébiles se rencontrent invariables dans chacun de ces départements, nous ne saurions nous en rapporter tout a fait à la différence de son origine, quelque constante quelle soit dans sa perpétuité et nous ne pouvons expliquer cette diversité d'allures végétales et de produits huileux qu'à une modification constitutionnelle du climat par suite de la diminution des chaleurs solaires et comme conséquence nécessaire, dans la minime proportion de ses attractions et de ses composés alcalins.

Toutefois nous ne devons pas passer sous silence qu'il existe ici quelques natures de ces arbres à grands élancements et à forts développements au Nord, à l'Ouest et au Midi de l'étang de Berre, et vivant dans toute son atmosphère saline, nous en retrouvons même plusieurs variétés dans le terroir de Saint-Mitre, près d'Istres, tous connus sous le nom de *Saurins* ou arbres à pays de sel, et désignés sous des appelations spéciales, telles que saurins blancs, saurins noirs, etc.

Ils ont les mêmes allures, et les mêmes fruits petits et grêles, mais soumis qu'ils sont aux nécessités du climat, ils en subissent toutes les conséquences, et quelques uns, comme l'espèce dite le saurin blanc, plus multiplié qu'il est, se remarque par ces récoltes périodiques presque assurées. C'est cette variété qui fournit les olives à la picholine, si délicates au goût et si recherchées, mais à l'inverse de celles du Languedoc qui, plus charnues, mais plus communes, sont d'une conservation parfaite, elles doivent être consommées de suite pour échapper au danger d'une trop forte immixtion saline.

Nul doute que ces variétés d'oliviers dites saurines ne réclament plus de sel de soude dans leurs aspirations que ceux de la contrée qui sont plus enclins au sel de potasse, mais aussi ils sont plus vivaces, moins pris par le froid et n'exigent pas même le buttage pour le combattre dans ses effets.

Pour les bien juger dans leur virtualité il faut se transporter au midi de l'étang de Berre dans le terroir de Martigues, où on verra beaucoup de ces arbres exposés à toutes les violences du pulverel, à peine abrités par des claies de roseaux, présenter sous ces faibles abris la végétation la plus belle, alors que le haut de ces arbres recouverts de concrétions salines, en voit les brandilles supérieures brûlées et desséchées qu'on a garde d'enlever et qui leur servent de couverture et de préservatif.

Mais puisqu'il est reconnu que sur les bords de l'étang, les olives sont plus précoces dans leur maturité, et leur cueillette plus hâtée que dans le Var, il semblerait qu'à Aix et dans l'intérieur des terres, la maturité devrait devancer les premières, et c'est le contraire qui arrive.

Au contraire de la cause qui interprète chez nous la précipitation de la maturité de divers fruits, peut-on attribuer ce retard à la substitution presque entière du sel de potasse au sel de soude, on serait porté à le croire et alors ce serait la cause qui rend l'olive plus lente à se développer et moins portée à mûrir malgré l'approche plus hâtive des froids.

Toujours est-il que dans notre localité privilégiée pour cet arbre, malgré les défaillances végétales qu'il éprouve, l'olive atteint ici la plus forte production d'huile, que ni les pays plus chauds, ni les pays plus froids peuvent offrir et quand il végète sur un terrain calcaire la proportion en augmente encore.

En le considérant comme plante essentiellement maritime, comme arbre toujours vert, comme arbre à sucs propres, comme arbre, enfin, des pays chauds, l'olivier qui est un géant végétal, comme nous l'avons dit ailleurs, dans son pays d'origine, se rabaisse au rôle de pygmée herbacée dans l'intérieur des terres, aux dernières limites de sa culture, et si l'abaissement des chaleurs solaires contribue beaucoup à cette dégénérescence, la constitution de l'air y entre dans des proportions trop peu appréciées.

En effet, dans la région limitrophe de la mer et des étangs qui y communiquent, l'air salin se développe dans tous ses effets, dans toute son action caustique et irritante, dans une atmosphère basse, humide et surchargée de tous les miasmes impurs du jour ; mais à mesure qu'on s'élève sur l'horizon maritime, ses principes trop chargés se précipitent, l'air cesse d'appartenir exclusivement aux particules salines, et il devient plus léger et moins absorbant, alors la potasse réagit à son tour, parce qu'elle peut combattre l'effet moindre et insuffisant de la transpiration aérienne et se substituer à l'autre alcali.

Alors l'olivier change de nature et d'assimilation, sa vie extérieure cesse d'être active et puissante, ses fonctions intérieures s'affaiblissent, et ses racines mêmes, que des aspirations continuelles de potasse reconfortent et stimulent, prennent le dessus pour suppléer aux défaillances extérieures ; mais sa déliquescence rend l'arbre plus impressionnable aux changements subits de température, et lorsque le moindre

beau temps fait revivre la sève, la plus légère intem-
périe le surprend dans sa sève liquefiée, la congèle
dans son aquosité, la dilacère dans ses tissus par le
dégel. C'est ce qui rend le buttage de l'arbre si nécessaire, et même indispensable, lorsqu'il serait
nuisible dans la région essentiellement salifère comme
en Italie.

Ne voyons-nous pas les froids les plus intenses, les
neiges les plus épaisses, atteindre et même ensevelir
jusqu'aux branches les oliviers des côtes d'Italie et de
la Corse, exposés qu'ils sont à toutes les variations
de température qu'exercent les hautes montagnes
aux pieds desquelles ils sont assis, n'offrir aucun
danger pour leur existence, lorsque chez nous les
froids ne descendant des Alpes, et en Languedoc,
des Pyrénées que quelques jours après leur brusque
venue, et alors que les arbres auraient dû se rassurer
dans un milieu déjà attiédi, nous occasionnent des
mortalités effrayantes parmi les nôtres.

C'est à la potasse, comme partie intégrante des
racines, comme fixant le principe vital de l'arbre
moins aux feuilles qu'aux racines, le concentrant à
leur collet, qu'est dû ce danger, lorsque le sel marin, dans les pays favorisés et par les chaleurs et par
le sol, en donnant à la vie extérieure plus de force et
plus d'énergie, les sauve de ces craintes si cruelles
pour leur existence.

Ainsi si l'olivier à sel de soude trouve dans la rami-
fication plus étendue du chevelu de ses racines, non
cet empâtement et cet engourdissement malvenu, que

provoque la surabondance de la potasse chez celui qui récèle celle-ci, si plus fortifié dans son bois, et amoindri dans son feuillage, il expulse par l'évacuation des sucs propres le trop plein d'une sève morbifère, si enfin dans l'âcreté de l'air brûlant qu'il respire, il puise une ardeur indomptable, une vivacité d'action désordonnée, un développement de forces qui lui garantissent par ses excès une résistance victorieuse contre l'âpreté des froids rigoureux, alors. on peut dire avec **Pline**, il vit d'une vieillesse sans terme : *quâdam æternitate consenescit.*.

Par contraire, celui à sel de potasse pur mais plus ou moins associé sur nos côtes, à cause de la trop grande évaporation de notre climat, au sel de soude, ne saurait présenter la même virtualité d'origine, aussi soit impuissance de sécréter les sucs propres afférant à son existence, soit que la transpiration insensible qui la supplée ne puisse dégorger toutes les expansions sèveuses qui la troublent, soit que la substitution de la potasse soit moins efficace pour l'en délivrer, et les chaleurs trop faibles et trop courtes pour l'y aider, toutes ces causes réunies de prostrations végétales rendent l'olivier de nos contrées littorales des étangs bien accessible aux atteintes du froid, et bien plus susceptible d'en encourir les chances fâcheuses, lorsque après les sécheresse de l'été, la végétation se ranime aux premiers beaux jours de l'automne, alors sur tout que le buttage aura été négligé dans sa partie la plus essentielle, qui consiste comme on sait en la déchirure, par la pioche, des radicelles traçantes sur le sol.

Cette opération culturale que nous ne saurions trop recommander, et dont nous avons eu à nous applaudir par les pertes nombreuses que nous avons évitées par son emploi, ne doit pas être négligée pour l'olivier de nos contrées; comme son meilleur effet n'est durable qu'à proportion des radicelles détruites le plus tard possible, et à la veille des froids, on ne doit l'exécuter que dans les premiers jours de décembre pour la rendre aussi utile que possible, elle ne saurait, être trop recommandée à cause des surprises de froids locaux qui font plus de mal que les grands hivers, qui s'annonçant longtemps à l'avance préparent l'arbre à se roidir contre leurs atteintes.

Toulousan a reconnu encore que l'olivier à grande dimension était moins sujet aux vers que les oliviers mitigés de notre département : nous croirons être plus dans la vérité en disant qu'ils sont plus communs sur le premier dans leurs attaques sur le bois et sur le feuillage de l'arbre, mais qu'ils sont plus nuisibles sur les seconds en assaillant le fruit plus charnu et plus pulpeux de l'olive : c'est ainsi que le *Dacus*, dans ses années d'invasion, fournit ici plusieurs générations, toutes déprédatrices, tandis qu'aux environs d'Aix, où l'olivier est plus réduit, le même insecte plus tardif au butin en développe à peine une avant la cueillette du fruit.

Nous ne saurions clore ce qui est spécial à cet arbre sans exprimer notre sentiment sur le *noir des oliviers*, maladie si singulière où l'on trouve les attaques simultanées d'un insecte de l'ordre des hémiptères dans la familles des gallinsectes, et d'une végétation basse, obscure, réunie en masse, voilée par une teinte noirâtre, classée dans la famille des *mucédinées*, c'est-à-dire parmi ces plantes acotyledonées de l'ordre le plus inférieur, et dont le parasitisme ne veut avoir ni de bornes ni de fin.

Apparue sur les oliviers au commencement de ce siècle avec tous les caractères de la malignité, elle se montra en 1814 aux environs d'Istres sous l'abri d'une colline au nord d'un étang d'eau douce, et où la terre était forte, argileuse et convenablement arrosée. Longtemps sédentaire, elle finit par s'étendre en choisissant les sites convenables à son incubation, où elle étala tout le lugubre de son invasion et accomplit toute la perte des récoltes. Peu à peu elle sortit de ses limites, qui sont d'ordinaire le voisinage des amas d'eau et l'appropriation du sol, et favorisée dans son extension, elle multiplia ses attaques et persista dans son invasion la plus absolue.

Lorsque en 1820 et en 1830, à la suite des froids rigoureux qui furent si funestes à beaucoup d'oliviers, nous vîmes immédiatement reparaître cette maladie plus ardente et plus envahissante que par le passé, nous fûmes découragés dans nos appréciations agricoles et nous désespérâmes de son extinction. Mais lorsque ensuite nous la vîmes déborder sur tous les points, dans toutes les circonstances et même atteindre à de grandes distances des vergers d'oliviers qui devaient être et par la nature du sol et par la ventilation de leur position en dehors de son infection, nous pensâmes qu'elle perdrait d'autant plus d'intensité qu'elle se montrerait plus envahissante dans sa marche, et nous avons été d'autant plus fondé à le croire que près de nous nous voyons des arbres atteints s'en montrer affranchis l'an d'après, pour en porter de nouvelles surprises l'année suivante, tant il y a qu'il n'y a pas infection entière, et que même ces accès de mal ne nuisent pas aux récoltes.

De tout cela, nous pouvons en induire que la maladie a beaucoup perdu de sa malignité première, et que si elle n'est pas disparue, ou ne se montre pas disposée à le faire, elle ne saurait, comme on augure de celle de la vigne qui se restreint chaque année dans ses coups, effrayer les imaginations trop exaltées, et que, si elle est encore persistante dans certains sites privilégiés pour ce mal, comme appartenant à l'air salin de la contrée, elle ne saurait faire craindre une invasion tout entière de la région des oliviers qu'on avait paru redouter jusqu'ici. Ce qui prouve que la Providence est là pour nous châtier dans nos erreurs de cultures, et non pour les détruire.

Ce que nous avons dit sur l'émission des sucs propres de l'olivier, à peine sensibles dans notre contrée, et ne se manifestant d'une manière visible que sur la végétation contrariée des oliviers saisis par le noir, n'a lieu qu'à l'époque de la sève descendante, puisque, en cas de déchirure de l'écorce, l'écoulement a toujours lieu par la partie supérieure et jamais par l'inférieure.

On remarque encore que cette extravasation de

sève est toujours plus apparente sur les arbres vieux et maladifs, et elle est généralement reconnue sur tous les arbres à feuilles persistantes qui abondent dans les pays chauds, tels que, orangers, lauriers, pins, cyprès, etc., et c'est ce qui les rend plus impressionnables au froid dans les dernières limites de leur culture, où cette fonction expurgative est à peine sensible comme dans notre contrée.

Quant aux autres arbres méridionaux, dont la feuille est caduque, nous trouvons en premier lieu le figuier, au suc laiteux, si impressionnable au froid, si vagabond dans ses allures, si avide de substances salines au point de s'implanter dans les vieux murs, et se couvrant de tout son large feuillage pour mieux absorber l'humidité alcaline du sol.

Le grenadier au bois dur, au feuillage luisant, ami aussi des hivers tempérés et versant dans les belles dimensions de ses fruits à couronnes d'or toute la quintessence de sa sève, tout l'arôme de ses principes salins.

Le jujubier, enfin, à feuilles également luisantes et n'échappant aux atteintes des froids hivernaux qu'en perdant chaque année les bourgeons qui les tiennent liées à l'arbre, et aux gelées du printemps par le réveil tardif de sa végétation.

Tous arbres des pays chauds, se trouvant ici dans leurs dernières limites culturales et offrant plus ou moins dans leur ensemble des traces visibles de participation aux substances salines qu'ils élaborent dans leurs fonctions vitales.

Parmi nos arbres-récoltes, nous ne saurions oublier l'amandier, qui, quoique à feuilles annuelles, mérite notre attention pour l'éjection de ses sucs gommeux, que l'atmosphère saline sous laquelle il vit favorise d'une manière particulière, en même temps qu'elle donne à ses fruits des qualités exceptionnelles par leur délicatesse. Aussi leur suspension ou leur émission trop abondante lui est quelquefois fatale, mais, d'un autre côté, il est assuré d'une plus longue vie, s'il échappe à ces obstructions dangereuses.

Si, sous ces principes salins, il repose en outre dans le calcaire, comme est composée la vallée de La Fare, son écorce prise du côté de l'air marin est nette, franche, sans lichens ni moisissures, reluit sous sa couleur orange-fauve qui est le cachet de son immixtion.

Quant au bois de l'arbre placé sous cette influence toujours saline en même temps que calcaire, il acquiert une dureté remarquable, ses fibres s'amostomosent entre elles, et disparaissent sous l'obstruction et la plénitude des vaisseaux intérieurs qui leur sont propres, et la cassure en est matte, sèche et sans filaments apparents.

Les amandes, remarquables par leur finesse et leur délicatesse, n'appartiennent qu'à des races fines et choisies. La coque porte une pellicule souple, lameuse, toute folliacée et recouvre un fruit d'un goût très-relevé et d'une pâte fondante dans cette belle vallée si renommée pour ses produits.

Mais s'il n'y a rien de si agréable que les amandes

fraîches après la St-Jean, et de si savoureux que les amandes à la princesse dans leur parfaite maturité, nous reconnaîtrons un excès de salure dans celles récoltées sur les rivages de Marignane au midi de l'étang de Berre, où le pulverel agit plus ou moins violemment, ce qui rend l'amande gommeuse ou bien recouverte de sel cristallisé, aux environs de l'atmosphère sèche, et surexcitée par les émanations des salins, du village de Saint-Mitre, ce qui rend pour ce cas-ci l'amande dure et coriace lorsque la température est élevée, et moite et filandreuse lorsqu'elle est humide, et partant d'une garde difficile et d'une nécessité à en exiger une consommation prompte et accélérée. C'est ce que les marchands ne manquent pas d'observer en les expédiant les premières pour les besoins que le commerce réclame.

Par contraire, au nord de cette culture, le froid agissant sur le péricarpe des amandes fines et surfines, boise la coque au point qu'elle résiste sous la pression des doigts et affadit la saveur du fruit qu'il rend d'une pâte moins fine et nullement fondante, tandis que, comme nous l'avons vu dans l'excès contraire, le fruit est plus huileux, empâtant davantage la bouche et plus facile à rancir ; or, ce n'est que dans un milieu mitigé d'air salin qu'on trouve cette exquise délicatesse qui rend l'amande si appréciée par les gourmets.

Excepté le noyer qui, en dehors de la zone froide qu'il exige et puissamment alcalisé qu'il soit par la potasse, vit ici exposé à toutes les pourritures de la vermine qui l'attaque et dans le brou et dans la coque, nous dirons qu'il en est de même pour le noisettier, et tous les arbres en général, mais surtout pour les arbres à rejets gommeux. Le pêcher, par exemple, s'il y trouve une exubérance de vie et une fructification trop précoce, y précipite son existence dans une période de moins de deux lustres.

A voir le mûrier sous son vaste système vasculaire et avec l'abondance de sève laiteuse, que la greffe lui a donné avec les proportions déjà grandes qu'il avait dans son état primitif, on serait tenté de croire que l'influence du sel marin doit être peu efficace sur sa végétation. Cependant dans les besoins immenses que la culture lui a créé par le dépouillement annuel de ses feuilles, il est plus que certain qu'un stimulant quelconque, qu'une surexcitation heureuse ne pouvait qu'être favorable pour le renouvellement de son feuillage, et dans ce cas le sel ne peut que lui être avantageux pour reconforter des organes affaiblis.

Nous le voyons tous les jours ici sous l'action bienfaisante de nos eaux d'irrigation. Là, le mûrier y étale un luxe de végétation, une prodigalité de verte chevelure, qui étonne l'imagination. Cette année nous avons mesuré des pousses de jeunes mûriers qui avaient été taillés dans l'hiver; elles dépassaient 5 mètres de hauteur et avaient en épaisseur la dimension de la moitié de la grosseur de l'arbre.

Or, si la taille qu'on lui fait subir doit être forte, énergique et largement surbaissée sur ses tiges, on a à craindre un étouffement de sève captive et sans em-

ploi, mais heureusement elle peut s'extravaser par les
nombreuses coupures qu'il subit. C'est aussi ce qui
développe dans cette sève viciée par sa captivité de
formidables agarics qui l'attaquent dans son tronc et
y amènent la pourriture.

Je me suis laissé dire que dans les Cévennes, pour
parer à cet inconvénient attaché à la culture de cet
arbre, on fait au pied du tronc et jusqu'au milieu
un trou avec une tarière pour faciliter l'écoulement
de la sève inactive, à l'époque de la taille, et qui a
besoin de s'étancher pour ne pas se corrompre, mais
je ne sais pas si ce procédé a été employé dans nos
contrées.

On n'ignore pas qu'avant la maladie qui sévit si
brutalement sur nos vers à soies, les cocons récoltés
étaient forts, durs, à bouts rudes et à soie inférieure ;
mais depuis son apparition, on a cru reconnaître que
les vers résistaient moins à la contagion, et on a dû
l'attribuer à la qualité de la feuille trop exubérante et
trop chargée de principes salins, et c'est, imbus de
cette idée, que plusieurs propriétaires ont renoncé
momentanément à cette éducation.

Que dirons-nous, en finissant ce paragraphe, de la
vigne si avide de principes alcalins, sinon que le vin
est fort coloré, sans arome et d'une conservation
difficile, partout où il y a eu excès dans l'atmosphère.
Aussi, est-ce par les sulfates de potasse et de magnésie combinés avec une certaine proportion de matières azotées à décomposition lente et qu'on doit employer d'une manière judicieuse, qu'on peut redonner

au sol la fertilité qu'une longue existence de la vigne a amoindri ; mais nous ne pouvons trop le redire, un excès en ce genre est au dépens de ses qualités, et on doit y aviser.

Malheureusement aujourd'hui il n'existe plus de vignes vieilles ou très-peu, tant elles ont été ravagées par l'oïdium et par suite impitoyablement détruites ; elles ont été remplacées par d'autres plants plus précoces, plus résistant, il est vrai, au mal, mais inférieurs en bonne sève, et devant le haut prix de vente, l'engouement les a multiplié en dehors des limites naturelles et même sur beaucoup de terres à céréales, Aussi s'il y a abondance de produits, il y a médiocrité de qualités, et nous sommes loin de l'idée si sage de nos pères qui n'affirmaient la bonne qualité du vignoble qu'après 30 ans de durée : mais telle est la pression dominante du siècle, à laquelle chacun est tenu d'obéir, qu'on sacrifie tout au présent sans tenir compte de l'avenir, et sans aucune prévoyance pour l'attacher.

## § IV.

### DES INFILTRATIONS SOUS MARINES, LEURS NOCUITÉS ET MOYENS DE LES ATTÉNUER ET DE LES PRÉVENIR.

C'est par son influence dans l'air, par son immixtion dans la terre, et dans son état d'atomisation invisible que nous avons considéré le sel marin comme auxiliaire approprié à notre climat, comme

stimulant nécessaire à notre organisation végétale :
maintenant nous allons l'examiner s'infiltrant dans
le sol avec les eaux marines qui le recèlent, le dé-
naturant par leur séjour, le stérilisant par ses efflorescences, le corrompant par leur mélange avec les
eaux douces des pluies ou des rivières, et portant
la désolation et la mort dans leur voisinage. C'est
la nature dans sa plus sauvage indépendance, dans
ses allures les plus désordonnées, appelant l'homme
pour la maîtriser, invoquant son intelligence pour
la diriger, implorant son travail pour la vaincre et
la dominer dans ses écarts, et pour résultat final
le recompenser par des excès de fertilité inouie.

Nous avons dû reconnaître que cet agent secourable pour nos cultures doit-être d'autant plus actif
que le climat est plus chaud, et d'autant plus excitant que la végétation est plus continue, ses forces
plus exercées, et ses progrès plus étonnants. De là
une organisation végétale spéciale à ce climat, et
obeissant à ses lois. C'est ce que nous avons prouvé
dans le paragraphe précédent.

Si la potasse, dans sa déliquescente nature, est
suffisante pour entretenir et secourir la plante dans
la pâle verdure des climats tempérés, si elle ne peut
produire aucune exubérance de sève, aucun prestige,
aucun miracle qui étonne l'imagination, nous voyons
que dans la France méditerranéenne, ce sel, qua-
lifié d'alcali végétal, pour ces contrées, ne saurait
lutter ni pallier cette propension à l'indolence, à
l'affaiblissement, à la prostration qui saisit la plante

après ses efforts indéfinis de la végétation printan-
nière, car tout excès veut le repos, et le repos fournit
à une seconde assistance pour la saison hivernale.

Or, ce n'est pas le fait de la nature à chaudes
inspirations solaires : à une végétation plus luxuriante, il faut un stimulant plus énergique, à des
chaleurs plus longues et plus soutenues, il faut une
virtualité plus prononcée dans l'agent excitateur, pro-
vocateur pour leur faire produire tous leurs effets:
c'est ce qui a multiplié les eaux dans les pays tro-
piquaux, les mers dans les contrées méridionales,
et prolongé les rivages tout le long de la vaste
étendue des océans.

Dans les exceptions qu'on rencontre à cette loi des
climats, les plantes septentrionales, quoique douées
d'une moindre force attractive sous le poids de l'indolence native sous lequel elles végètent, n'en éprouvent d'amélioration sensible que dans le court terme
de leur existence, et les arbres ne pourraient y
résister, parce que leurs caractères ne pourraient s'y
conformer.

Ici, au contraire, l'excès de végétation naturelle
parmi ces plantes aquatiques, que les infiltrations
sous marines entretiennent, a dû être d'autant plus
grand, et pourrait l'être encore sans le séjour de
l'homme sur ces terres désolées, ou des traditions
impérissables de monstres amphibies existent dans
la contrée, et se remémorient même dans le nom
d'une ville appartenant à la Provence. (Tarascon).

Or, point d'être surnaturel sans végétation exu-

bérante nourrie de toute la fange des marais, surexcitée de toute l'acrimonie de ses sels, et abandonnée
à tous les caprices de ses enfantements.

L'Égypte est là avec ses crocodiles, et l'Amérique
méridionale avec ses caïmans, pour prouver le premier
état de la nature et l'horreur de ses conceptions.

C'est donc cet ennemi qu'il faut vaincre, c'est cet
agent qu'il faut utiliser, car la nature donne aussi à
l'homme la force de la dominer, et la puissance de
la redresser dans ses écarts.

Sous l'empire de sa présence, et sous la dure nécessité de penser à sa subsistance et à celle de ses
semblables, l'homme ne peut donc laisser infertiles
et abandonnées aux seuls élans de la nature ces
terres que lui dispute la mer, qu'elle imprégne de
ses sels, qu'elle remplit de ses animaux immondes.
Leur étendue porte des limites à sa domination, et leur
voisinage porte le trouble et la mort dans sa popu-
lation.

Il est de son devoir, de son intérêt, et même de
son avenir de les conquérir, de les asservir sous ses
lois, de les faire contribuer à son bien-être, et voyons
ce qu'on pourrait entreprendre à cet égard pour le
delta du Rhône, pour la Camargue dans toute son
expansion, pour la Provence maritime tout entière.

Ces bancs de sable, ces *barres* qui se forment à
l'embouchure de tous les fleuves par l'accumulation
des terres délayées que leur courant pousse dans la
mer, et que les vagues de celle-ci repoussent à leur
tour vers le lit des rivières, laissent dans leurs inter-

valles de grands creux, de grands vides, des cuvettes profondes où le limon se dépose, la vase s'y accumule, et que toutes les matières de transport et de sédiment élèvent, jointes qu'elles sont à la végétation palustre qui s'en empare plus tard.

Par les communications intérieures avec les eaux de la mer à travers les bancs de sable qu'elles ont élevé, ces terrains d'alluvion et d'attérissement, encore indécis à la vue, mais tenant dejà à la terre par les obstacles même que les flots ont opposé à leurs courroux, acquièrent, par l'évaporation qu'ils subissent, un degré de salure qui excède quelquefois celui de la mer, le sol s'en imprégne à une grande profondeur et les efflorescences salines seront d'autant plus apparentes que la composition du sol sera plus compacte et plus tenace.

Ces cuvettes, que les diverses crues du fleuve laissent entr'elles par rapport à leurs pentes, ou que les flots de la mer creusent sur les plages, et vident ensuite dans les eaux basses, ne se montrent pas en Égypte qui n'est qu'un attérissement du Nil : là les débordements périodiques par leur régularité égalisent les surfaces, et unissent le sol inondé.

Ici, en Camargue, cette action des cuvettes, ou pour mieux dire, des lagunes, tant elles sont quelquefois développées, a été accrue par les obstacles même qu'on a opposé aux érosions du fleuve, et par suite abandonnée à toute la violence des flots en courroux.

C'est le Rhône, comme on sait, qui a formé la

Camargue, et qui en étend chaque jour la surface en déposant au sein des eaux ce limon fin et tenu que le fleuve porte jusqu'à ses embouchures, et que la mer rejette sur ses rivages, il attache à la terre des masses d'abord informes qui appartiennent tour à tour aux deux éléments, mais qui ne sauraient échapper à toute la salure de la mer, tant elles restent basses et peu élevées au-dessus de son niveau ordinaire.

Sur ces fonds limoneux asséchés pendant l'été, le sel apparaît chatoyant à la surface, et alors l'air s'en empare pour le verser dans l'atmosphère ; mais à mesure que ces fuites s'opèrent, d'autres eaux marines sous jacentes viennent fournir de nouveaux aliments à ces déperditions aériennes, de là surexcitation de l'air salin, et imprégnation continue dans le sol bas des cuvettes, où le sel se cristallise et est dissous plus tard par les pluies. Ce qui occasionne un accroissement de salure pendant les hautes eaux de l'hiver.

Ainsi, s'il y a évaporation continue des particules salines dans l'air, il y a aussi rénovation incessante, et par suite surexcitation à laquelle peu de plantes peuvent échapper.

On n'a pas jusqu'ici expérimenté jusqu'à quel point la capillarité saline peut s'exercer et à quelle hauteur elle s'élève ; elle doit être d'autant plus active que les chaleurs seront plus fortes, et le sol sur lequel elle a lieu, plus tenace et plus compacte.

Ce phénomène de la capillarité, qui est destructif de toute culture, disparaît en rompant la cohésion du sol par le mélange du sable. Ainsi à Agde, au dire de **M.** de Jessé, a-t-on fertilisé des attérissements li-moneux en y transportant du sable et en l'y mélan-geant.

Occupons-nous maintenant des diverses constitu-tions de ces terrains formés dans les eaux marines, et ajoutés à la terre ferme.

Les premiers dépôts sous marins ont d'abord un fonds vaseux, spongieux, sans tenuité aucune, sans cohésion entière : quelquefois c'est le sable qui les couvre, et plus souvent un limon fin et serré, charrié et déposé par les eaux du fleuve. Mais voyons l'ex-ception que la nature des lieux ou l'éloignement de la mer occasionne.

Dans les marais de Fos et le long des coustières de Crau, formées qu'elles sont par les pentes de la Crau basse submergée, le sol est vaseux et point consistant, mais s'il est humide par l'abaissement de son niveau, il est moins fatigué par le sel marin qu'il pourrait l'être, à cause des écoulements aqueux de cette plaine si aride et si sèche à la surface mais abondamment fournie d'eaux souterraines par suite des arrosages, qui viennent contre balancer son influence nuisible comme on le voit aux environs de Saint-Martin de Crau et de Raphèle ; aussi y remarque t-on une végétation palustre très importante pour les contrées voisines qui viennent s'y approvisionner de leurs fournitures de litières pour les besoins des fermes, et ce sont les joncs, les laiches et les carex qui abondent sur cette vase molle, glissante et toujours très fine à cause du dépôt journalier des eaux.

Mais il en est autrement, et l'action du sel est bien plus énergique et plus apparente sur les rivages plus ou moins étendus de la mer, sur lesquels le fleuve empiète par les sédiments incessants qu'il y dépose.

, Sur le limon proprement dit, résultant des délaissements du fleuve, et composés qu'ils sont de molécules argileuses et calcaires, étroitement unies entr'elles, nulle végétation ne s'y montre, quelque riche que se trouve cette terre en détritus de toutes espèces. En hiver, il est humide et glissant, et il devient sec et poudreux en été. Quand le sous-sol est vaseux, ce qui est presque toujours ainsi, et que la couche limoneuse de la surface est peu épaisse, le sol se fend, et présente de grandes crevasses qu'il est dangereux d'aborder. Ce sont les terres qu'on nomme *sansouires* dans le pays, et qui sont vouées à une complète stérilité.

A la suite des temps, cette nature de dépôt limoneux peut se couvrir d'un herbage nourrissant, quoique grossier, mais ce n'est que lorsque des eaux douces ou de pluie y ont entretenu une humidité bienfaisante en y amenant quelques graines passagères : celles-ci s'incorporent au sol, fournissent une végétation basse mais épaisse, qui intercepte la capillarité, et elles offrent alors aux troupeaux une assistance qui n'est pas à dédaigner dans ces lieux si déshérités de verdure.

Aussi, malheur à l'avidité mal éclairée qui tendrait à rompre cet obstacle à l'ascension des sels nuisibles de l'intérieur, ils existent toujours dans le sein de la terre, ils sont latents et invisibles, mais ils n'attendent que l'occasion favorable pour se montrer et effleurir à l'appel des premières chaleurs solaires, au moindre souffle de son apparition. Que d'erreurs ont été commises en ce genre, que de mécomptes sont venus convaincre bien des incrédules, car en étudiant la formation de ces pâturages naturels, on eût compris que les mêmes causes qui les avaient formés pouvaient seules les ressusciter dans leurs forces acquises.

Quant aux terrains sablonneux et aux dunes de la mer, exposés qu'ils sont aux raffales des vents par rapport à l'inconsistance du sol, les tamaris, les salsola, les salicornia et autres plantes maritimes les occupent en partie et fournissent sous leurs débris végétaux et sous leur abri quelques petites graminées dont les troupeaux se nourrissent. Ce sont les *enganes* du pays. Aucune culture n'a été tentée sur ces terres, dévorées qu'elles sont par l'âcre chaleur de nos étés.

D'après l'examen que nous venons de faire des terres maudites de la Camargue par leur infertilité native, nous n'avons à opposer que le septième de sa surface en terres cultivées, elles forment une longue lisière sur les bords exhaussés des deux branches du fleuve, et tout le restant comprenant pâtures, marais, étangs et plages embrassent tout l'intérieur de cet immense delta, et ce sont des terrains bas, en grande partie submergés, et tous imprégnés de sel marin.

Tous, vu l'infériorité de leur niveau, auraient besoin d'être colmatés, et les digues du Rhône s'y opposent entièrement, tous réclameraient l'arrosage et

les diverses tentatives faites à cet égard ont échoué
jusqu'ici. Aussi cette intéressante contrée, qui offre
dans ses alluvions les meilleurs principes de fertilité,
se présente-t-elle encore à nous telle que Quiqueran
de Beaujeu l'avait entrevue dans le 16^me siècle, et aujourd'hui bien arriérée sur l'Egypte qui, grâces aux
belles conceptions qui l'ont régénérée, a refoulé bien
loin de son horizon les menaces de peste, sous lesquelles nous gémissions dans les siècles passés.

Pour mieux nous éclairer dans nos recherches agricoles, voyons comment la statistique apprécie la composition géologique des terrains que nous étudions (1).

« Le terrain de la Camargue, dit-elle, ne consiste
« qu'en dépôts limoneux qui se composent d'un mé-
« lange de silice, d'alumine, de débris calcaires et
« d'oxide de fer, le tout recouvert d'une forte couche
« d'humus qui, dans les marais, se rapproche de la
« nature de la tourbe. »

Et plus bas, elle ajoute :

« La proportion des terres qui composent le sol de
« la Camargue varie beaucoup ; dans la partie du
« Nord, aux environs de Trinquetaille, les sables do-
« minent et couvrent de grands espaces. Au-dessous
« l'argile est plus abondante, et elle diminue de
« nouveau en approchant de la mer, où les sables du
« rivage envahissent le sol cultivable. »

Ainsi, selon que le limon du Rhône est le résultat
du dépôt lent et gradué des eaux ordinaires du fleuve,

______

(1) *Statistique du départ, des Bouches-du-Rhône*, t. 1, p. 75.

ou qu'il est repoussé vers le rivage de la mer, mêlé qu'il se trouve aux fluctuations continuelles de ses eaux, il est plus ou moins compacte, ou plus ou moins divisé, de telle sorte qu'il est terre forte dans les bas-fonds où le repos existe, et terre légère et sable là où règne l'agitation. D'où diverses nuances de terres de dépôt à reconnaitre pour les divers emplois à émettre dans leur mélange avec le sel marin.

C'est sur les terres fortes que les efflorescences salines se montrent les plus menaçantes et les plus rebelles à la culture, c'est d'ailleurs dans cette nature de terre que sont les *sansouires*, c'est enfin sur cette ténacité de sol que s'établissent les aires salantes que l'industrie exploite. Là point de perte de sel et cris-tallisation plus prompte par suite de l'homogénéité du sol. Ainsi, s'il n'y a pas amélioration de la terre, du moins y a-t-il profit pour le commerce.

Ce genre de terrain ne peut donc être soumis à la culture qu'en rompant sa capillarité au moyen des transports de sable, opération coûteuse, il est vrai, et praticable seulement par la proximité de cet agent secourable.

Mais l'infériorité de son niveau en rend le défri-chement encore plus difficile, et, dans ce cas, ce n'est que par le colmatage, répèterons-nous encore, qu'il peut élever son niveau et le mettre à l'abri des sub-mersions périodiques de l'hiver, et ce n'est que par les grandes crues du fleuve qu'il pourrait obtenir cette élévation, si les digues n'y faisaient obstacle.

A cet égard, nous citerons un fait assez singulier,

qui nous a été rapporté par les personnes intéressées, et qui se passa après 1840, à la suite de la grande inondation du Rhône, sur les marais de Tarascon à Arles. Quelques parties de ces lieux bas et malsains reçurent des dépôts si considérables de limon qu'ils en changèrent complètement la nature et qu'elles furent de suite admises en pleine et profitable culture. Mais quel fut leur étonnement, lorsqu'elles trouvèrent les blés rouges qu'on y avait récolté, et qu'ils achetèrent, frappés de dégénérescence visible, et perdre beaucoup de leur poids à l'hectolitre. Ce ne fut que plus tard que cette même qualité de blé put reprendre ses propriétés natives, alors que ce nouveau sol eut pu s'approprier les sels alcalins qui manquaient à sa récente transformation.

Point de possibilité donc de rendre à la culture ces terrains bas, humides et fortement compactes, sans exhaussement de niveau et complète modification de sa constitution ; en vain, nous dira-t-on, d'après la statistique, que jadis au mas de Vert, en Camargue, M. Roux, qui le possédait, avait refoulé le sel marin par de profonds labours exécutés par 12 mulets pour se livrer à l'exploitation de la garance. Ou ses essais ont été infructueux, ou bien la zone sur laquelle il opérait était sablonneuse, et, dans ce cas, le succès aura été complet, pourvu que ce fut par d'abondants engrais qu'il ait neutralisé l'action du sel marin et l'ait rendu par là non nuisible, mais stimulant pour la végétation.

En effet, dans cette nature de terre légère, sablonneuse qui constitue en tête du Delta la partie cultivable de ce vaste territoire encore insoumis, on peut parer aux inconvénients moins graves des efflorescences salines, par l'extrême division de la terre, par les labours et par leur renouvellement d'autant plus fréquent qu'il y aura plus à redouter l'apparition du sel, ensuite les pluies d'automne s'épanchant sur un sol profondément ameubli, le font descendre dans l'intérieur et au printemps la végétation touffue des céréales empêche le sel de s'effleurir à la surface.

Pour plus grande précaution, et que l'automne soit ou non sèche, on couvre, lors des semailles, les céréales avant leur sortie d'une couche épaisse de roseaux qui intercepte la capillarité sous l'humidité qu'elle entretient et ne porte aucun préjudice à leur germination. Sous cet abri protecteur, la plante se développe sans craindre les gelées, talle vigoureusement au printemps et échappe par là aux risques des premières chaleurs de l'été.

Il en est de même de la luzerne, dont on favorise la venue en la semant assez tôt pour lui permettre de s'abreuver des premières pluies du printemps et accélérer la croissance des touffes de la plante pour couvrir le sol ; et c'est dans ce sens qu'on emploie de puissants engrais pour maîtriser le sel et le captiver dans le sol. Aussi, lors du fauchage, les andains n'ont-ils pas besoin d'être retournés pour accélérer leur dessication, comme nous le faisons dans la Crau, tant la chaleur intérieure jointe à celle du soleil suffit pour la fenaison.

Quant aux semailles du printemps , les dangers sont plus grands pour la réussite, parce que cette époque de l'année est toujours en Provence, très sèche et très venteuse , aussi les betteraves champêtres dont on ne saurait trop recommander la culture soit comme approvisionnement d'hiver pour la nourriture du bétail, soit encore comme s'accommodant fort bien des principes salins du sol, doivent être particulièrement soignées à leur levée, et on ne saurait trop la surveiller, car soit que la terre forme croûte à sa surface, soit que le sel corrode le germe à sa sortie, on peut parer à ces inconvénients en jetant de la terre humide sur la germination à peine éclose , ou bien pour les garances en enterrant des plançons de semis de graines. C'est ce que nous avons vu pratiquer avec succès par M. Masson sur les belles garancières qu'il a établies dans les paluds de Calissane dans le vallon de la Fare, sur les bords de la Durançole.

Pour rendre ces dangers moins longs , il convient de fumer abondamment ces terres pour accélérer la végétation , et elle est encore plus hâtive là que dans toute autre nature de terre , attendu que le sel marin décompose plus promptement l'engrais : *en effet* , dit Bosc , *il est prouvé que la craie, et encore mieux la potasse et la soude rendent l'humus soluble dans l'eau.*

Aussi M. Masson , pour les garances qu'il exploite en grand, et dont la renommée est justement acquise, y emploie plus de douze cents kilogrammes de tourteaux par hectare , sans comprendre le fumier dont il remplit chaque raie de labour , aussi obtient-il des produits vraiment étonnants.

C'est à force d'engrais et de profondes cultures, toutes aidées par des coupures bien menagées que ce zèlé autant que patient agriculteur est parvenu à de si beaux résultats, que nous n'avons pas vu appréciés comme il fallait , récompensés qu'ils ont été par la grande médaille de la Société Centrale d'agriculture : mais comme tout début est pénible , il a éprouvé aussi des mécomptes qu'il a pu surmonter, et son fils continue aujourd'hui son œuvre, et en recueille les profits.

Parmi un de ces mécomptes , nous citerons le défrichement qu'il opéra sur une partie de marais plus basse que ses cultures en garances , et où le sol plus compacte trompa ses prévisions agricoles , comme cela devait être.

Là , après avoir dégazonné par tranches le sol recouvert d'une belle végétation paludéenne , en avoir formé de nombreux fourneaux , et répandu toute la terre cuite sur la surface , il fuma encore abondamment sur labours profonds, et y sema de la graine de garances. Celle-ci réussit admirablement bien , et lui donna de beaux bénéfices. Mais après, vint un blé qui réussit médiocrement , et offrit de nombreux vides occupés par le salant, puis le sel a reparu partout, et il n'a plus été possible de le maîtriser , et force

a été de l'abandonner à l'inculture et d'y verser
les eaux de la Durançole qui opèrent lentement, pour
ramener une végétation grossière, et quoique plusieurs années se soient déjà écoulées, le terrain est
bien loin encore de sa première fertilité.

Au dessus de ces marais se trouvent des sables inconsistants, jouet des vents, dépouillés de
tout arbuste, et n'offrant par touffes éparses que la
tirasse (paturin maritime) et le chiendent. Ces terrains, à cause de leur salure et de leur peu de
liaison, se refusaient à toute culture et n'offraient
qu'une faible assistance aux troupeaux qui vaguaient.
On les a planté en vignes en enfouissant par les
labours tirasses et chiendents qui sont dévorés par
le sel intérieur, et si beaucoup de jeunes corps
périssent la première année, ils sont remplacés dans
la suivante par des plants enracinés : mais je doute
que ces vignes, forcées de vivre presque à la surface
du sol, puissent être productives sans fumures souvent répétées.

En reprenant nos études sur les diverses natures de sol que la Camargue offre dans son
delta, nous en avons considéré les deux extrêmes,
savoir, sa cohésion trop forte, dans sa propriété
argileuse du limon, et sa porosité trop grande
dans celle du sable plus ou moins brisé par les
eaux. Ce sont les deux écueils de son agriculture :
le premier par l'impossibilité de parer et d'obvier
aux effets désolants de la capillarité des sels alcalins sur un terrain trop compacte, et le second

par la difficulté de ne pouvoir rien faire produire au sol trop léger et trop poreux qui s'enflamme en été sous l'ardeur des rayons solaires,
et ne récèle dans son sein aucun signe d'humidité.

Pour ces dernières terres, qui constituent en
partie les dunes de la mer. si vastes et si étendues qu'elles sont sur certains points, nous dirons
que pour les retenir, le buplèvre soit pourprier
marin peut être utilement employé, que pour
leur intérieur, diverses variétés de pins pourraient
réussir comme dans les landes de Bordeaux, et
comme en témoigne la magnifique essence de pins
piniers des Saintes-Maries sur les bords du Petit
Rhône ; et nous ajouterons même avoir vu vers
l'étang du Galéjou de très gros *cades* (genevrier
oxicèdre) couvrir des espaces immenses du sable
le plus tenu, et servant de refuge aux lapins du
lieu dans les grandes eaux. Pourquoi alors ne pas
multiplier les essences bienfaisantes et couvrir et
assainir ces immenses étendues de terre qui sont
vouées à l'insalubrité la plus grande et la plus
cruelle pour l'humanité.

Nous tenons, pour le rappeler encore, de M. Jessé
aîné, propriétaire au château de Preygnes, à Vians,
près Agde, que sur les bords de la mer, on mêlait le
sable des dunes aux terres salantes, ou celles-ci au
sable, ce qui empêchait l'efflorescence du sel à la
surface, et cela est parfaitement rationnel, comme
nous l'avons prouvé, mais il a dit de plus que cette
opération ajoutait à la fertilité et permettait de faire

de belles récoltes de pommes de terre, de betteraves et de blé là où le salant détruisait tout avant. Cette dernière affirmation ne doit être accueillie que sur bonnes fumures préalables.

Mais ce que probablement la petite culture et les soins qu'elle entraîne après elle permettent de faire, ne saurait être applicable en grand dans la Camargue; et sur les rivages qui descendent jusqu'à Fos, et nous doutons qu'on pût les réaliser comme à Agde. Ici, c'est à utiliser le sol par des plantations et des semis qui puissent s'y approprier qu'on doit borner les efforts et que doivent se concentrer la volonté de l'homme et l'espérance de l'avenir.

Tout en avouant notre impuissance à rendre à la culture immédiate ces terres argileuses par rapport aux difficultés qu'elles présentent, il est à regretter que les diverses *salsola* ne soient plus un objet de produit appréciable, comme elles étaient du temps de Quiqueran de Beaujeu qui en décrit les semailles, et en fixe le revenu. De son temps, et pas plus aujourd'hui qu'alors, les plantes maritimes qui produisaient la soude par l'incinération n'exigeaient de cultures, mais seulement le jet de la graine sur la terre humide, ou même submergée en automne, en hiver et au printemps pour être arrachée en fin août, desséchée et brûlée, et le sel qui en résulte est la soude carbonatée. C'était un produit faible, mais réel pour ces natures de terre, et quoiqu'on en dise une purgation du sol, un moyen de dessalaison lent mais continu qu'on ne saurait négliger pour préparer le sol à d'autres semences.

Quiqueran de Beaujeu dit encore qu'on avait essayé la culture du riz, mais que le mauvais air qu'elle produisait la fit proscrire, quelque lucrative qu'elle pût être.

De nos jours nous avons vu une puissante compagnie tenter de reprendre cette culture sur les immenses terrains du château Davignon; et nous y avions applaudi de tout notre cœur à cause de l'énorme quantité d'eau qu'on élevait du Petit Rhône et de la dessalaison du sel qu'elle produisait.

Nous fûmes les visiter en compagnie de M. Guérin-Menneville, de Paris, et nous reconnûmes par nous-mêmes toute la mauvaise influence de cette culture sur les personnes même qui nous honoraient de leur hospitalité, et nous nous retirâmes fort alarmés pour nous mêmes, mais ce ne fût heureusement qu'une crainte passagère.

Toutefois nous admirâmes et la puissance de la machine élévatoire des eaux du Petit Rhône et les immenses carrés du damier de terre consacré à cette culture et la belle feuillaison du riz qui couvrait toute la surface de l'eau. Nous comprîmes de suite tout l'avenir attaché à cette exploitation, et nous éprouvâmes les regrets les plus amers lors de la dissolution de cette Société qui n'aurait pas dû mourir (1).

(1) Les renseignements que nous avons puisés sur les lieux, portent qu'il y avait 350 hectares de terres salantes ensemencées en riz à partir du 15 avril au 15 juin, et qu'on en avait

Ce n'est pas nous qui nierons la malfaisance de l'air produit par cette culture, mais sur des terrains aussi improductifs que ceux sur lesquels les essais avaient été tentés, loin des lieux habités, et au-delà de l'horizon assigné aux émanations marécageuses, cette rénovation de la culture du riz aurait dû être puissamment encouragée comme passagère, transitoire, il est vrai, mais aussi comme éminemment dessalante (1) et introductive de l'assolement des céréales. Malheureusement en France c'est moins l'initiative que l'esprit de suite qui manque à nos travaux, et c'est ce qui nous fait distancer par d'autres peuples et nous laisse arriérés dans toutes les améliorations agricoles (je dis) et non industrielles.

Après avoir fait reconnaître ces oppositions de terrains si disparates entr'eux; que le passé avait su rendre encore profitable et que nous avons abandonnés à toute l'incurie présente, nous ne saurions trop élogier cette belle terre mixte, ni trop forte ni trop légère, des anciennes alluvions du fleuve, qui forme le fondement de son agriculture, en qui repose son

même semé le 24 du même mois sur chaume d'avoine, d'orge et de fèveroles ; qu'on employait de 90 à 100 kilog. de semence par hectare, et qu'on récoltait 30 sacs de 100 kilog. par hectare, soit trente fois la semence, et qu'on moisonnait fin août et septembre. Enfin qu'on semait à sec sur les bons fonds non salants, et sur l'eau dans les terres salantes, et que chaque cheval de vapeur de la pompe sur le Rhône permettait d'arroser et d'inonder 10 hectares de superficie.

(1) On dit que les Chinois inondent leurs rizières par les eaux de la mer pour les fertiliser et améliorer leurs produits.

avenir, et qui tient plus de la nature ses principes de fertilité inouie que des travaux avoués de l'homme.

Mais si son étendue est si faible, et sa part si petite par rapport à la superficie totale de l'île, pourquoi ne pas épuiser toutes les forces natives de son climat si ardent et si généreux ? Pourquoi ces longs repos de la terre, ces innombrables nudités du sol productif alors que les chaleurs sont si vivaces, et l'air si actif et si puissant ! Pourquoi enfin se borner aux seules céréales, dont la maturité est si hâtive, et qui laissent les longs jours de l'été ramener le plus souvent à la surface cet alcali qui devient meurtrier, de secourable et de [stimulant qu'il devrait être.

Si aujourd'hui une spéculation outrée y a multiplié la vigne, qui ne devait jamais abandonner les coteaux.

Si on retrouve quelques plantes industrielles au milieu des étacles, dont elles rompent l'uniformité choquante à la vue.

Nous applaudirons du moins avec conviction aux plantes fourragères que nous reconnaîtrons n'être pas assez étendues, et entr'autres la luzerne, à qui manque l'arrosage pour s'élever au niveau des besoins des troupeaux, en qui se résume le plus bel avenir de cet intéressante contrée.

Et pour ceux-ci nous reconnaîtrons, d'après la statistique, une diminution énorme pour les bœufs et les chevaux sanvages, mais il est bon d'ajouter une augmentation réelle pour les bêtes à laines, qui est bien loin d'atteindre toutefois le chiffre auquel devraient le porter les améliorations susceptibles à créer, et devant les besoins toujours croissant de viande qui nous rend tributaires de l'étranger.

Et nous dirons enfin avec surprise, comme Provençal, mais toujours avec vérité, que la Camargue d'aujourd'hui c'est l'Egypte d'autrefois, avec sa stérilité première, mais non plus l'Egypte du temps présent, irriguée et faisant succéder aux céréales qui mûrissent en mars, d'autres cultures non moins avantageuses, et depuis peu celle du coton, qui est une source de richesses pour elle.

Dans ce climat, plus chaud que celui de Provence, la nature a été bien plus grande et bien plus audacieuse qu'elle peut l'être en Camargue, A de grands obstacles, elle a opposé de plus puissants moyens de correction, et l'homme qui a asservi cette contrée depuis les premiers âges du monde, n'est que l'économe et le sage distributeur des eaux sacrées du Nil, qui renouvelle chaque année pour lui ses joies et ses espérances.

Ses inondations périodiques sont tellement un bienfait de la Providence, elles sont tellement l'unique source de sa prospérité, que le terrain devient infertile, dévoré qu'il est par les substances salines, si l'eau du Nil cesse de l'atteindre et de le couvrir pendant une période de moins de trois années.

C'est donc à bien régler l'inondation, à la diriger au moyen des canaux irrigateurs qui portent les eaux dans l'intérieur des terres pour les distribuer ensuite sur des surfaces restreintes par des levées, à les y maintenir jusqu'à complète imbibition du sol, et de là les laisser échapper pour arroser d'autres surfaces inférieures, de telle sorte que depuis le fleuve jusqu'au point le plus élevé qu'il puisse atteindre, ce ne soit que des étages successifs, séparés par des gradins et recouverts de vastes nappes d'eau.

A mesure que les eaux se retirent, les cultures s'emparent du sol, les semailles s'opèrent, et une rapide et brillante végétation ne tarde pas à se manifester.

Mais l'action exclusive des débordements du Nil ne suffirait pas pour toute la croissance de la plante, ou tout au plus ne pourraît-elle embrasser qu'une seule récolte sous des chaleurs aussi puissantes, la végétation doit être continuelle, et c'est à varier les cultures qu'on porte tous ses soins.

Dès-lors les filtrations du fleuve, ou celles des eaux retenues captives dans les canaux à mesure de leur décroissance, seraient des moyens insuffisants pour combattre la sécheresse, si les innombrables puits à chapelets (1) qui, sont si multipliés tant dans la haute que dans la basse Egypte, ne venaient largement fournir à ces besoins pressants, réclamés par l'alternat des cultures, ou même pour mieux dire, par leur simultanéité, tant on est jaloux de profiter et du temps et du sol.

(1) D'après Clot-Bey, le nombre s'élève à plus de cinquante mille (ibid. p. 269.)

Ainsi donc, le beau delta de l'Egypte serait inhabitable sans les inondations régulières du Nil, et ces alternats de cultures irréalisables sans la fréquence des irrigations, et le sol redeviendrait efflorescent et malsain sans humidité secourable.

Pourquoi la Camargue ne trouverait-elle pas dans des digues moins élevées sur son fleuve un moyen de dessaler et de colmater les profondeurs choquantes et méphitiques de son sol intérieur en y déversant les eaux troubles des grandes crues ? Pourquoi ne multiplierait-elle pas ses machines si simples et si peu coûteuses que l'Egypte offre pour l'irrigation continue ? Pourquoi se borner à des sollicitations incessantes envers le pouvoir, qui, si elles sont accueillies, ont été toujours indéfiniment ajournées.

Qu'elle ne compte que sur elle-même, et sur ses efforts collectifs, quelques restreintes que soient ses ressources, avec le temps elles augmenteront, avec le temps elles produiront un effet utile et profitable, dont elle sera elle-même étonnée, quelque impatiente qu'elle soit ; qu'elle ne compte donc que sur elle-même, mais sur elle seule, et elle réussira.

Tout se réunit donc pour voir sortir cette intéressante et vaste contrée du cahos impur où l'a plongé une nature impatiente et vagabonde. Les exemples abondent pour éclairer sa marche et diriger ses premiers pas.

La Toscane est là pour lui montrer la puissance des colmates ;

L'Egypte pour lui étaler la fertilité des irrigations,

Et la Hollande, par ses moulins à épuisement, lui recommander l'économie dans les opérations, et la simplicité dans les moyens d'exécution.

En effet, l'agriculture doit être ménagère de ses ressources , elle doit donner au temps ce qu'elle ne pourrait obtenir qu'à prix d'argent, et ne recourir aux forces artificielles que pour couronner son œuvre et en atteindre les derniers résultats.

## § V.

### INFLUENCE DU SEL MARIN SUR L'ÉCONOMIE ANIMALE.

Ces sels minéraux, dont l'air se charge sur les vastes surfaces des mers et qu'il rend à la terre dans les précipités nocturnes, tant est grande son élasticité, servent, comme nous l'avons vu, de stimulant à la végétation, en rendant soluble l'humus qui lui sert d'aliment. Or, l'humus n'étant que le résultat de la décomposition spontanée des animaux et des plantes. C'est en accélérant cette corruption, en la concentrant dans sa malignité, en l'absorbant même dans son méphitisme, que ces sels agissent pour en neutraliser les effets destructeurs, et préparer des éléments nouveaux à la reproduction des êtres, à la réorganisation de la matière.

C'est à la soude, reconfortée dans les diverses combinaisons qu'elle éprouve, qu'est dévolu ce rôle d'action et d'énergie là où la chaleur est toute puissante ;

c'est à la potasse modifiée et atténuée selon la faiblesse du climat, qu'est dévolue la mission, moins de
purifier l'air que d'activer l'inertie de la vie végétale
et animale dans le nord, où les chaleurs défaillent.
La nature a dû proportionner ainsi ses moyens d'action et de puissance aux besoins des climats et aux
ressources qu'ils offrent, et son rôle est d'absorber
et de purifier par la combustion instantanée tous les
dangers qu'ils présentent dans leurs écarts.

Le plus actif de ces sels est sans contredit la soude,
absorbant, purifiant, excitant, accroissant même ses
degrés de causticité selon les climats, et se carboni-
sant même sous le soleil brûlant d'Afrique.

Moins de chaleurs chez nous, moins de dangers
pour ces apparitions soudaines qui frappent l'humanité tout entière.

En effet, quand ces sels ne peuvent suffire à la pu-
rification de l'air, à la consommation sourde et indolente de ces amas de matières en putréfaction qui ex-
cèdent les règles ordinaires, une grande viciation
s'accomplit dans l'atmosphère, la vie animale est
atteinte et la désolation est dans la nature.

Ainsi, dans les climats renommés par l'excès de
leurs chaleurs, ces altérations physiques se montrent
souvent menaçantes et terribles sur les bords des
grands fleuves qui reçoivent dans leur lit toutes les
dépouilles des montagnes, toutes les lavures des plaines, et encore tous les débris de la vie animale et
végétale qui sont là gisant et accumulés par fanatis-
me religieux, comme sur les bords du Gange, ou par
indolence naturelle comme en Amérique.

Par suite, chacune des grandes divisions de la terre a ses maladies propres , constitutionnelles à son climat, et toutes dépendantes du plus ou moins de troubles apportés à ses harmonies locales.

L'air est-il sec, brûlant, il se nourrit de toute l'acrimonie des humeurs qu'il consume, il s'enflamme de tous les tissus qu'il corrode, et se carbonise dans tous leurs principes de vie ; c'est alors le charbon dans toute sa malignité, c'est la peste de l'Egypte sous le soufle ardent du Sahara.

A la sécheresse de l'air, y joint-on l'hydrogène sans cesse renouvelé des marais, c'est l'empoisonnement de l'air, c'est le choléra de l'Asie avec tous ses caractères d'infection si redoutables et encore si peu définis.

Si l'humidité y surnage, si elle est exhubérante, si elle est moite, indolente, affaissée sous le poids de la chaleur, c'est alors la débilitation des organes, l'obstruction des viscères, la cachexie sous toutes ses faces , la fièvre jaune de l'Amérique dans toutes ses horreurs.

Quant à l'Europe, où les forces vitales sont moins exaltées, les dérangements atmosphériques y sont moins dangereux ; si elle est accessible aux épidémies qui viennent la ravager, elle ne saurait les produire, et si elle est exposée à quelques troubles partiels, point de malignité à redouter, nulle propagation à craindre et concentration tout entière de la maladie dans le lieu qui lui a donné naissance et qui seul la voit se consumer et s'éteindre.

Plus apte à recevoir qu'à concevoir les miasmes impurs de ces atteintes mortelles, si soudaines et si terribles qu'elles sont, l'Europe trouve dans sa civilisation avancée, dans le travail plus intelligent de ses habitants, l'énergie de combattre la faiblesse de son climat et de donner à ses cultures cette perfection qui atteste ses labeurs et la récompense de ses peines.

Aussi, le sol y étant d'une nature faible, dolente, à petit tempérament et à petit développement, la soude s'y trouve être une exception dans les composants de son atmosphère, et la potasse est la condition essentielle de son climat.

Par un effet de sa position toute maritime, par ses abris au nord et sa pente au midi, la Provence a tous les bienfaits des pays chauds, et quelquefois, par son attache au continent, les rudes épreuves des hivers hyperboréens.

Ici, dans ce climat exceptionnel à celui de la France par les contrastes de sa température, la partie basse et littorale de la Méditerranée voit les chaleurs de l'Afrique se prolonger durant les longs jours de l'été, et se trouve par cela même plus disposée à recevoir la malencontreuse influence de ces fléaux destructeurs de l'humanité et à en subir les mêmes épreuves, si cruelles qu'elles sont pour les pays chauds.

C'est une atmosphère âcre, pesante pendant les chaleurs, fatigante pour la santé, irritante pour les poitrines délicates et se reflétant toujours sur la constitution sèche et étique des habitants qui y sont soumis. La vie s'y use d'autant plus vite que les passions y sont plus violentes et les méphitismes plus impurs.

Mais à mesure que l'air modifie ses principes constituants et qu'on s'éloigne de ces foyers exposés à des évaporations si énergiques, la vie est moins surexcitée, quoiqu'elle le soit encore assez par rapport au climat, et si une humidité secourable, telle que celle des arrosages, vient changer la physionomie du pays et couvrir la nudité du sol par la végétation luxuriante des arbres de produit et d'agrément, le caractère de l'homme se modifie avec les nouvelles conditions du climat, il s'adoucit dans son âpreté, mais s'il en résulte moins d'inflammabilité dans le caractère, il tend un peu à l'indolence provoquée par les suffocations des chaleurs solaires, il se laisse aller à des ennuis d'insouciance et de paresse qu'il doit combattre énergiquement pour les surmonter ; car aux besoins de l'existence, aux soucis naturels de la famille se lient étroitement cette ambition de s'estimer soi-même, et ce sentiment si noble de ne pas déchoir du rang qu'on occupe dans la société.

Pour les animaux de nos contrées, la domestication amène les mêmes résultats dans leur caractère : c'est ainsi que Volney, dans le tableau qu'il trace de leurs mœurs en Corse, fait remarquer la petitesse du cheval, les proportions également amoindries du bœuf et le poids minime du mouton qui n'atteint pas 12 kilogrammes, et il ajoute encore que ce bétail est maigre, vagabond et à demi-sauvage. Rien d'étonnant dès lors que, pour les mêmes bestiaux qui vivent dans les marais de la Camargue, on rencontre la même véhémence de caractère, la même indocilité pour plier sous le joug de l'homme, et s'ils se font reconnaître ici par plus d'élévation dans la taille et peut-être moins d'irritabilité dans les passions, c'est au climat moins chaud, au soleil moins excitant que la cause doit en être attribuée. En outre, la culture vient encore les modifier dans leur être, et nous retrouvons ici, tant la civilisation amène de changement dans la nature, le même asservissement à la volonté que là où il est le plus absolu, dont s'affranchit en partie la mule, seule bête de labour sous notre climat ardent, qui à la sobriété joint le mérite de pouvoir affronter les chaleurs impunément et sans danger.

Ainsi dès l'instant que les cultures restreignent ces dispositions atmosphériques qu'elles présentent dans leur excès, et qu'une humidité permanente atténue cette causticité que les chaleurs sèches de nos étés accroissent, le sel s'affaiblit, il devient moins ardent, et souvent il est remplacé par le salpêtre à l'ombre et dans les murs intérieurs des habitations.

D'où on peut conclure que si le sel marin peut prolonger à des distances plus ou moins définies son mélange avec l'atmosphère, d'un autre côté, le moindre obstacle, le moindre pli de terrain, le plus faible rideau d'arbres en modifient l'extension et apportent à la constitution aérienne une substitution de vapeurs gazeuses qui nécessitent d'autres conditions de vie, d'autres facultés d'existence.

Pour montrer combien l'air salin, tel qu'il se montre dans ses plus grandes ardeurs, pèse d'autant plus sur l'organisation animale que ses effets sont incessants et plus chargés d'acrimonies basses et rampantes sur le sol, nous citerons ce qui se passe sous nos yeux et ce qu'on peut reconnaître facilement , tant on peut juger des petits effets par les grands. Qui n'a pas remarqué en allant à Arles la douceur du pain qu'on y mange, et par contre le degré de salure de celui consommé à Aix, et qui n'a pas vu en cela une nécessité du climat et une obéissance à ses lois ; et de plus encore, qui n'a pas observé la pâte fondante du premier pain dans la bouche avec la résistance que présente l'autre sous la dent qui le presse, et de ces contrastes peut-on nier qu'ils ne résultent de la nature même des blés, dont l'un est récolté sur des terres salantes où il dépasse 85 kilogrammes à l'hectolitre, et le second sur les bords de la Durance, dans un pays à potasse, tous deux également renommés par leurs qualités, mais tous deux soumis à l'influence du lieu de production.

On voit par ces exemples que si le sel excite l'appétit, provoque le goût et est devenu un besoin dans notre état de civilisation avancée, il est pour les animaux, qui ne peuvent prendre un engraissement complet sur nos pâturages si ardents , un stimulant pour les fourrages avariés, lorsqu'ils en sont saupoudrés ou aspergés d'eau salée, et un appétissant pour ceux récoltés dans les bonnes conditions d'appropriation. Toutefois l'usage continu de cette nourriture

énergique, en relevant le système nerveux et muscu-
laire, le comprime dans des proportions étroites, mais
fortes et élastiques, et l'enlace dans un jeu sans cesse
actif et toujours infatigable.

Moins porté à l'engraissement par la constitution
même que le climat lui donne, le bétail de ces contrées
n'en acquiert que plus de goût dans sa chair, que plus
de saveur dans le goût, et les agneaux *de camp*,
comme on les appelle ici, jouiront toujours d'une ré-
putation justement acquise.

Ce n'est pas le sel que nous donnons au bœuf réformé que nous voulons engraisser : aux farineux
nous joignons l'ail écrasé, dont le goût âcre et caustique relève l'appétit, excite la salivation en même
temps que la transpiration et donne du ton aux viscères de l'estomac pour l'absorption des aliments excé-
dant les besoins ordinaires. Le sel serait insuffisant
pour ce cas ; il serait même nuisible, car pris à haute
dose, il irriterait les organes plutôt que de les exciter, et contrarierait par cela même le but de l'opération à laquelle on se livre, et on n'y a recours que
lorsque l'engraissement est assez avancé pour amener
le dégoût et exiger une surexcitation factice.

Il n'en est pas ainsi pour les cochons. Ici ce sont
les raffraîchissants qui sont indiqués pour la bonne
santé de l'animal, d'abord pour lui permettre de souf-
frir sans danger le passage des chaleurs estivales, et
d'échapper par là aux maladies charbonneuses auxquelles il est enclin. Dans les rations journalières
qu'on lui administre, doit entrer en grande abon-

dance la pomme d'amour, comme excellent calmant, et ce ne doit être qu'en automne qu'on doit user d'une nourriture plus substantielle, et qu'on augmente ensuite à mesure qu'on pousse à la graisse.

Lorsqu'on vend les moutons de la Crau, après la descente des pâturages d'été, à l'époque des foires de novembre ou aux marchés hebdomadaires d'Arles ou de Salon qui les suivent, ils sont en chair, mais ils ne sont pas gras, et il faut les enfermer et leur donner une nourriture abondante et substantielle pour opérer leur engraissement; mais jamais il ne pourra être poussé aussi avant que dans le Nord, quoiqu'il le surpasse toutefois par le haut goût et la délicatesse de la chair.

Nous savons qu'aux environs de Nîmes, où se portent aussi beaucoup de moutons de nos contrées, on pousse leur engraissement avec des betteraves auxquelles on joint les pépins criblés et nettoyés des marcs de raisin pour suppléer en partie au sel, et dont la proportion varie nécessairement selon l'usage qu'on en fait.

Mais ce qui est impossible sous l'action trop excitante du sel sur nos côtes maritimes, exclusivement adonnées à l'élevage des troupeaux, s'exécute fructueusement dans toute la vallée de la Durance en remontant sur les échelons des montagnes. On s'y livre pendant l'hiver, grâces aux affouragements de l'été, à l'engraissement des moutons qu'on y laisse et qui en redescendent plus tard pour alimenter les marchés du sud-est.

Toutefois heureux dans mes recherches , je puis citer pour l'étude de nos comparaisons avec d'autres climats, un engraissement fait, il y a quatre ans, par un de nos fermiers d'un domaine situé sur les premiers appendices rocheux qui longent la Crau, sur un lot de 52 moutons exécuté en plein été et dont le résultat lui fut avantageux.

Ce fut immédiatement après la moisson que cet essai commençât, et pendant la nuit, comme c'est de nécessité ici à cause des chaleurs du jour. Pendant quinze jours les moutons se repurent sur les éteules fraîches et abondantes de l'année, puis on leur donna pour supplément 13 kilogrammes de fourrage, en alternant la vesce et la luzerne, dans un ratelier posé près d'un cours d'eau avec une petite gavette dans laquelle tous les trois jours on déposait demi-kilogramme de sel moulu. Après le chômage du milieu de la nuit, nécessité par la rumination, ces animaux se portaient avec avidité à ce surcroît d'alimentation et le consommaient en entier. Puis aux premières ardeurs du soleil, on les renfermait dans la bergerie, porte close et à l'abri des mouches, où on leur donnait dans le jour un litre d'orge par tête.

Cet engraissement dura trente jours, et il fut consommé pendant ce temps, d'abord par jour et par mouton, 74 kilogrammes de fourrage, un litre d'orge et 3 grammes de sel, ce qui a constitué pour le total 390 kilogrammes de luzerne ou de vesce, 780 litres d'orge et 4680 grammes de sel marin.

Ce qui représente la valeur de :

Pour les 390 k. luzerne à **6 fr.** les °/₀ k.   23 40
Pour les 780 litres orge à 8 fr. l'hect...   62 40
Pour 5 k. sel à 13 c. le k.............  » 65
    Herbage des éteules...........  30 »
    Garde du troupeau...........  60 »
    Intérêts p. 2 mois du prix d'achat.  10 »

                      185 45

Les moutons, qui pesaient à leur entrée en graisse 35 kilog. l'un portant l'autre, acquirent le poids de 43 kilog. lors de leur vente, ce qui donne 8 kilog. de croît, qui, à 75 centimes le kilog. soit pour les 416 kilog. produit du total donne 312 fr. D'où en extrayant la dépense de 185 fr. 45 c. laisse en bénéfice pour l'engraissement 125 fr. 55 c. en effectif, et en augmentation de poids 23 pour cent avec trois grammes de sel pour condiment.

Si on est en droit d'être étonné de la minime quantité de sel que cet engraissement a exigé, on en sera moins surpris en considérant qu'il a eu lieu au milieu des plus grosses chaleurs de l'été, pendant lesquelles il y a eu déambulance nocturne et repos absolu pendant le jour, ce qui a dû favoriser l'appétence et précipiter l'engraissement ; aussi je ne doute pas que la proportion du sel eût dû être augmentée en hiver, où l'action de l'air marin eût été bien moins forte.

A côté de ce fait recueilli sur les lieux, opposons-lui une expérience tentée dans le Nord, que nous trouvons dans un recueil publié par M. Demesmay, député du Doubs, lors du remaniement de l'impôt sur le sel en 1846.

Nous lisons p. 33 :

« Dans une expérience de M. Amédée Turck, doc-
« teur à Plombières, quatre lots de cinq moutons
« chacun sont nourris à discrétion. Les 2e, 3e et 4e
« lots reçoivent du sel, le premier n'en reçoit pas.

« Le 1er lot augmente de 9 pour 100 de son poids.

| « | 2e | » | 10 | id. |
| « | 3e | » | 21 | id. |
| « | 4e | » | 14 | id. |

« Ainsi le lot qui n'a pas reçu de sel augmente
« le moins, et si l'augmentation des 2e et 4e lots
« n'est guère plus élevée que celle du lot qui n'a point
« reçu du sel, c'est que M. Turck, dans le but de
« varier ses essais, a donné aux 2e et 4e lots du sel
« avec excès, à la dose de 24 grammes par tête et
« par jour c'est à dire à dose double du maximum
« indiqué par la pratique. Le 3e lot, au contraire,
« rationné, sous le rapport du sel, d'après la dose
« indiquée par les praticiens allemands, c'est à dire
« à raison de 12 grammes par tête et par jour, a
« présenté une augmentation de 21 pour 100,
« ou plus du double de celle du lot privé de sel.

« Or, comme le 3e lot a donné, sur celui qui
« n'a point reçu de sel, une augmentation de
« 14 k. et demi de viande, qui sont nécessairement
« le résultat des 60 grammes de sel consommés
« par les cinq moutons composant ce lot, il en résulte
« que dans cette expérience, qui a duré 28 jours,

« un kilogramme et demi de sel a produit
« 14 k. 1/2 de viande. Ainsi se trouve confirmée
« le proverbe Suisse : *une livre de sel fait dix*
« *livres de viande.* »

Quel sentiment pourrait-on concevoir devant des différences si grandes dans les rations journalières à administrer aux moutons, soit qu'on les pousse en graisse, ou même qu'on se borne à les entretenir en bonne santé, si on ne se rapportait à toute l'influence du climat sur la nature animée comme sur les végétaux. Aussi, il est hors de doute qu'à mesure qu'on s'éloigne de *l'aura maritima*, si puissant sur l'organisme, que le condiment nécessaire à l'hygiène locale ne soit plus élevé pour agir efficacement, et qu'il augmente encore selon qu'on s'élève sur les montagnes ou qu'on descende dans les vallés basses et étroites. Ne le voyons-nous pas sur nos bêtes transhumantes qui, sevrées de sel sur nos parages, en réclament deux fois par semaine sur les Alpes pour exciter l'appétit et les maintenir en bon état.

Aussi dans les documents que nous avons pu consulter, avons nous vu la ration journalière des moutons variant entre 15 et 25 grammes quand il s'agit d'engraissement, et diminuer de moitié dans le cas d'un simple entretien d'hygiène, comme pour favoriser la sécrétion du lait chez la brebis.

Nous y avons également vu qu'en Belgique, à qui est accordée la sagesse de nous suivre dans les progrès vrais, le gouvernement, à l'époque où l'opinion publique était si exaltée en France contre l'impôt sur le sel, rendit une ordonnance en modération du droit sur le sel destiné aux animaux, pour fixer les quantités nécessaires à chaque espèce et il la détermina de la manière suivante :

Pour un cheval. . . . . . . . .  32 grammes par jour.
Pour un bœuf ou vache. . . 64         id.
Pour un mouton. . . . . .. . 16         id.
Pour un porc ou chèvre . . 20         id.

**Si** ces quantités déterminées se trouvent , dit-on, dépassées en Suisse et même en Angleterre, elle n'en témoignent pas moins d'une justesse d'appréciation qu'on ne peut que reconnaître, car aller au delà, c'est dans le vague et l'inconnu qu'on se jette, et loin d'amener une amélioration, on peut se causer un préjudice évident.

En revenant sur ce qui est spécial à notre contrée, nous rappelerons ce que nous avons dit à l'égard du bœuf, relativement à l'emploi de l'ail écrasé dans ses aliments pour exciter l'appétit chez l'animal réformé qu'on soumet à l'engraissement. C'est donc un animal ayant acquis un complet développement, et dès lors apte à prendre une graisse aussi avancée que possible. Nul doute, dans ce dernier cas, que le sel ne soit un puissant stimulant pour l'accélérer, et si l'adjonction de l'ail en diminue la quantité journalière, la proportion doit varier encore selon l'âge de l'animal, l'influence de la saison, et la nature des aliments. Et dès lors peu de possibilité de la déterminer d'une manière fixe comme dans le Nord, où tout se réunit pour l'établir d'une manière invariable. Ici, c'est à l'expérience locale, toujours rare à acquérir, qu'on doit s'en rapporter, vu le peu d'entreprises de ce genre qu'on exécute.

Quant aux porcs, si on est tenu en été de les rafraîchir, je ne sache pas qu'on leur donne du sel à l'époque de l'engraissement, d'ailleurs leur gloutonnerie suffit à tout, et comme on les engraisse avant leur entière croissance, il est plus que douteux que le sel ne leur fut plutôt nuisible que favorable. Toutefois j'ai ouï dire que dans les Cévennes, pour pousser à l'engraissement, on fait sécher les litières des vers-à-soie dont on leur distribue des rations journalières comme nourriture fortement animalisée.

La chèvre, ne broutant que les pousses des arbres, réclame deux fois par semaine quelques grammes de sel pour exciter l'appétit et aider à la digestion. Ici, pour les quelques troupeaux qui vaguent sur les collines qui bornent au nord l'étang de Berre, on les mène boire dans les eaux de cet étang et on se passe d'une distribution de sel. C'est un animal qui ne prend jamais graisse complète ; aussi n'estime-t-on que le chevreau de lait, quoique à un moindre degré que l'agneau : nous savons toutefois que dans les pays plus méridionaux que le nôtre, comme en Espagne, par exemple, et même j'ai ouï dire dans les Alpes-Maritimes, on prise beaucoup pendant l'été la viande du mâle châtré de bonne heure comme très saine et surtout plus rafraîchissante que celle du mouton.

Inutile de nous appesantir sur les volailles et surtout sur les pigeons qui se montrent si avides du sel.

De tous ces faits connus et avérés nous pouvons dire en finissant :

Que le sel est un condiment pour l'homme comme pour les animaux, en aiguisant la faim, et aidant à la digestion , mais qu'on ne saurait le considérer comme principe engraissant, comme quelques personnes ont pu le croire ;

Que son usage est fatigant pour les animaux trop jeunes, et qu'il ne peut agir fructueusement que sur ceux à complet développement ;

Que dans les contrées basses et humides, il est un élément nécessaire pour maintenir la santé.

Qu'il favorise la sécrétion du lait, lui donne plus de corps, et augmente la proportion du fromage ;

Qu'il aide et précipite l'engraissement dans la France septentrionale et qu'il donne plus de saveur et de délicatesse à la viande sur les bords de la Méditerranée.

Qu'il est employé avec succès dans plusieurs maladies, tant des animaux que des plantes.

Nous dirons aussi avec Vauban, que c'est une manne donnée à l'homme par le ciel.

Et nous ajouterons avec conviction, qu'il est douloureux pour l'humanité que tous les gouvernements aient frappé le sel d'un impôt aussi dur qu'impolitique pour la déchéance de l'agriculture, laquelle ne voit ni dans un avenir prochain ni même lointain une amélioration à ses maux, un adoucissement à ses peines. C'est pénible à penser, mais encore plus triste à dire.

## § VI.

### DU SEL MARIN CONSIDÉRÉ COMME ENGRAIS
### ET SON REMPLACEMENT UTILE
### PAR LES PRODUITS DES EAUX-MÈRES DES SALINS.

L'argile, dépôt des eaux, et le sable, débris des roches, forment la base principale du sol, puis vien-nent s'y joindre la chaux, généralement combinée avec l'acide carbonique, et le magnésie qui rachète son infertilité première par son mélange avec plu-sieurs sels.

Quant à ses nuances, le fer oxidé se trouve à différents degrés dans les terrains agricoles, et se colore de teintes variées depuis le noir jusqu'au rouge et jaune pâle. Si dans le Nord il favorise l'échauffement du sol, il le dessèche si promptement dans le Midi qu'il devient presque impropre aux cultures herbacées et ne peut échapper à ce danger que par des plan-tations arbustives qui vont chercher dans les dernières couches le peu d'humidité qu'elles récèlent.

Divers agents concourent ensuite à l'alimentation des plantes et au développement de la végétation, ainsi nous trouvons les phosphates toujours combinés qu'ils sont, et toujours si avidemment recherchés par les céréales.

Puis les sels alcalins, que nous étudions, et que Chaptal place avec raison, en même temps que la chaux et les cendres, dans la catégorie des engrais stimulants.

Et enfin parmi les engrais nutritifs, on ne peut ignorer l'humus ou le terreau formé des dépôts primitifs des plantes, accru par elles dans les diverses successions qu'elles subissent, s'accumulant d'année en année et finissant par faire un sol cultivable que l'homme asservit à ses lois et à ses besoins. Mais alors vient l'abus des cultures et l'épuisement du sol, et nous dirons alors avec M. de Gasparin que (1) :

« Par cela même que le terreau est formé de
« débris de plantes, dont la décomposition est plus
« ou moins avancée, c'est un corps qui est loin d'être
« uniforme ; il contient, outre le carbone, des sels
« de potasse et de soude et de l'azote qui se manifeste
« par le carbonate d'ammoniaque qu'il fournit à la
« distillation. Quand il est encore à cet état de ri-
« chesse, c'est un véritable engrais propre à céder
« aux plantes la plupart des principes utiles à leur
« nutrition ; plus tard il se dépouille progressivement
« des substances les plus solubles et n'est réellement
« alors qu'un composé de carbone, d'hydrogène,
« d'oxigène et d'éléments terreux, possédant de
« moins en moins des principes azotés et alcalins,
« plus tard encore, ce n'est plus que du charbon in-
« sensible à toutes les réactions.

Aller jusque là dans les limites de ses droits de propriétaire, c'est, comme le témoignent quelques défrichements que nous avons vus, abuser de l'exubérance de sa terre ; mais ce n'est pas agir sagement,

(1) *Cours d'Agriculture*, t. 1 p. 120.

et c'est se conduire en véritable enfant prodigue, puisque dans sa vieillesse il ne lui sera pas même accordé de réparer les abus de sa jeunesse.

Alors le sol devient inerte, tout passif, sans végétation même adventice, et d'une nudité complète. Ainsi le veut la nature qui ne compte pas le temps pour réparer les funestes effets de l'effritement du sol.

Plus prudent est l'homme qui sait jouir sans trop empiéter sur les forces natives de sa terre ; s'il se borne aux cultures ménagères de ses pères, au bon entretien de ses arbres récoltés, il doit moins chercher à améliorer qu'a conserver une fertilité constante et soutenue ; mais s'il se lance dans les perfectionnements culturaux du jour, il doit prodiguer outre mesure les engrais soit normaux, soit commerciaux, et les compléter par une surexcitation fébrile sur la plante pour hâter leur décomposition, accélérer leur assimilation, et leur permettre d'étaler un luxe de végétation inoui et facile à comprendre. C'est alors le cas d'employer les sels alcalins, dont la mission est toute excitante, toute provocatrice de progrès indéfinis, mais dont l'excès peut-être déplorable par les secrétions excrémentielles qu'ils laissent après eux, et que le seul épuisement du sol peut résoudre.

Ce sont donc les sels à base de soude et de potasse qui sont chargés de ce rôle instigateur, si l'analyse du sol demande cette adjonction. Mais pour aider et favoriser cette ardeur végétale qu'on veut susciter, il faut éviter d'en abuser, et se tenir plutôt en dessous qu'au delà de ce besoin factice, surtout pour les arbres de produit, multipliés qu'ils sont dans nos champs, et qui quelque fois présentent un fouilli de verdure impénétrable au soleil.

Alors, sous cette atmosphère basse, chaude, sans énergie, affaissée et toute indolente, il y a indigestion de suc chez la plante, paralysie de ses fonctions vitales, prostration entière de ses facultés, d'où résulte invariablement trouble, perturbation et envahissement par les cryptogames de l'ordre le plus infect, comme a lieu la maladie du *noir* sur les oliviers, et n'est-il pas vrai que jusqu'ici on n'a pu la détruire et qu'on la pallie seulement dans ses effets en privant l'arbre de toute culture, et en appauvrissant le sol par l'épuisement.

N'en est-il pas de même de la potasse, ou mieux encore n'est-ce pas son absence qu'on reconnaît malgré les excès d'engrais dont on surcharge les terres pour en accroître indéfiniment les rapports culturaux, ou pour les forcer dans la même continuité de récoltes, dans la même succession de produits, à quelle autre cause pourrait-on en effet attribuer les maladies putrides qui ont simultanément envahi les pommes de terre et les betteraves, et dont l'action désastreuse, loin de s'éteindre, surgit chaque année toujours menaçante, et se manifeste plus ou moins sur d'autres plantes sans les amortir tout-à-fait, mais en diminuant leurs produits.

Loin de nous de nier leur emploi utile et stimulant sur la végétation, et ce serait mentir à nous même que de le faire soupçonner ; mais si le sel marin, malgré toute la force de notre climat , peut être préjudiciable aux plantes par son excès, comme aussi par son impuissance accidentelle d'assimilation, il peut leur être d'un grand secours, et d'une assistance généreuse en sachant ménager son usage et c'est à quoi doit tendre le souci de l'agriculteur qui ne peut trop s'éclairer dans le besoin qu'il croit en avoir.

N'avons-nous pas été témoin d'une terre, recouverte d'eau salée par la rupture d'un canal d'écoulement de salines, produire pendant plusieurs années consécutives de belles récoltes de blé sans souillure aucune, alors qu'elle était remarquée auparavant par sa faiblesse, et y retomber ensuite par suite de l'épuisement du sel dans le sol. Ne le voit-on pas sans cesse dans plusieurs terres en Camargue, et sur le littoral Méditerranéen, et par rapport à la végétation arbustive, ne reconnaît on pas l'influence saline aux grands effets de feuillaison et de fécondation qu'elle produit. Mais tant que c'est la nature qui agit, point d'excès à redouter, puisque même lorsque le pulverel, au midi de l'étang de Berre, blanchit une branche par ses concrétions salines, la branche qu'elle abrite se fait admirer par la sombre verdure de ses feuilles, et l'abondance de ses fruits.

Ainsi, grâces à l'ardeur du climat et à la prolongation des chaleurs estivales, notre contrée maritime, si exposée qu'elle est aux émanations salines, peut en grande partie échapper aux dangers d'une trop forte appropriation du sel marin sur son sol , mais c'est toujours bien moins qu'en Egypte avec ses inondations périodiques et puis encore avec ses innombrables puits à chapelets : ceux-ci entretiennent une humidité égale, continuellement absorbante de sels répandue dans son atmosphère, et par suite si énergiquement dominatrice du plus beau luxe de végétation qui puisse exister.

Par contre, dans le Nord, la potasse, qui se substitue à la soude là où elle manque, qui s'y associe là où elle se trouve, entre toujours pour des proportions bien plus fortes que l'autre alcali dans la constitution intime des végétaux, mais vu la faiblesse du climat, elle réclame aussi une plus grande masse d'engrais pour fournir à ses déperditions, et son absence indique toujours l'impuissance du sol.

C'est donc par une plus grande perfection dans les cultures, par plus de variétés dans les produits similaires et par des retours plus fréquents d'engrais et de fumures que la potasse donne à la végétation engourdie de ces contrées cette énergie factice, provocatrice même, qui peut seule atténuer et amoindrir les effets désastreux de l'humidité qui les suffoque et obvier par là à la défaillance des chaleurs solaires qni leur manquent.

Toujours soluble dans de pareilles conditions atmosphériques, cet alcali agit plus sur la vie intérieure des plantes qu'à l'extérieur, malgré que l'analyse le retrouve plus abondant dans les principes foliacés que dans les racines.

Aussi, en décomposant les engrais, en se combinant à tous les efforts de fertilité que le sol réclame, donne-t-il aux racines des arbres et aux plantes tuberculeuses cette extension et cette profondeur que notre climat méridional ne voit pas se produire, et ce volume qu'elles ne sauraient atteindre ici ; la soude au contraire agit d'une manière toute opposée, et en tout différente dans ses rapports avec les plantes avec lesquelles elle se trouve en contact, et en communication immédiate. C'est ce que nous avons d'ailleurs cherché à prouver dans les paragraphes précédents.

Dès lors, si l'excès chez l'un et l'absence chez l'autre amènent le même résultat pour les cultures, il est juste de reconnaître que les dangers sont moins grands pour les pays à potasse, parce qu'ils sont plus faciles à réparer que dans ceux à soude, où l'homme est moins sûr de lui-même pour les combattre et les dissiper. De là plus d'énergie chez celui-ci, par cela même qu'il y a plus d'obstacles à vaincre et moins d'espoir pour réussir. C'est ainsi que les climats se montrent entre eux, ils rachètent les grands avantages qu'ils offrent par d'aussi grands inconvénients qu'ils présentent. C'est le lot de l'humanité.

Maintenant abordons les expériences directes qu'on a pu faire sur l'emploi du sel sur ces champs. Après avoir épuisé tout ce que notre rôle d'agriculteur a pu nous suggérer d'utile et d'appréciable pour éclairer cette question essentiellement culturale, cherchons à trouver une solution satisfaisante à l'encontre des diverses opinions qui se sont exprimées à cet égard, et sans espérer de la donner complète, faute de renseignements précis à cet égard, étayons-la de tous

les faits qui viennent fortifier la conviction que nous
y avons puisée.

Et de plus, si on objecte le haut prix vénal de ces
sels alcalins, nous pourrons opposer à l'indifférence
qu'on apporte à leur emploi ces engrais mieux combinés, plus mitigés et plus assimilables que l'industrie salinière retire aujourd'hui de l'exploitation
des eaux-mères, et qu'elle livre à la consommation
à des prix bien inférieurs à ceux que l'impôt suren-
chérit.

Mais apprécions d'abord le résultat de l'enquète
qui eut lieu en Angleterre lors de la réduction de
l'impôt sur le sel, et à cet égard Sinclair sera notre
guide, et tout en critiquant ce que nous trouverons
d'exagéré dans ses appréciations, nous désirons qu'on
n'oublie pas que nous sommes un agriculteur qui
cherche à s'éclairer et à provoquer la lumière, et non
prétendre à la donner.

Après avoir établi qu'aucune substance ne peut
être plus utile à l'agriculture que le sel, Sinclair con-
firme ce que nous avons déjà fait remarquer que « le
« sel n'agit avantageusement que lorsqu'on l'appli-
« que avec jugement aux terres arables ; car en
« quantité considérable il tend, de même que les au-
« tres stimulants énergiques, à désorganiser et dé-
« truire les végétaux avec lesquels il se trouve en
« contact, mais en quantité modérée, il favorise la
« végétation des plantes en les mettant en état de
« s'approprier une plus grande quantité de nourri-
« ture dans un espace de temps donné, et en donnant

« plus d'activité aux fonctions de la circulation et
« des secrétions (1). »

1° La première expérience qu'il cite a eu lieu en
automne et sur une jachère à l'emploi de 26 à 30
hectolitres (2,500 k. environ) par hectare, quantité
énorme et que l'humidité extrême du climat ne peut
même faire absoudre, quoiqu'il soit vrai d'ajouter
que les labours de l'été l'incorporent avec le sol, et
qu'à l'époque des semailles, il n'aura plus assez de
force pour nuire ;

2° Si, par contraire, on emploie le sel après les semailles, la quantité doit être réduite de moitié, soit
14 hectolitres ou 1,300 k.

3° Il prouve ensuite, d'après des autorités agricoles, que si le sel employé en grande quantité arrête
les progrès de la putréfaction, il la hâte au contraire
lorsqu'il n'est employé qu'en petite quantité.

4° Quant au sel considéré comme favorisant la
fertilité des terres incultes, il cite un défrichement
opéré sur des terrains marécageux, à la suite duquel
on amassa les gazons de bruyères qu'on entremêla
de couches de sel, et après l'avoir plusieurs fois re-
tourné, on ne le répandit que longtemps après à la
suite de sa parfaite décomposition. Ce qui assura plusieurs bonnes récoltes.

5° Le sel mêlé aux semences les garantit des attaques des insectes. Ce qui est vrai, mais peu employé ;

_______

(1) *L'Agriculture pratique et raisonnée* de John Sinclair, tra-
duit par Mathieu de Dombasle. tom. II. pag. 625 et suiv.

6º Il favorise la végétation des semences huileuses, fait également acquis par l'expérience ;

7º Il est un remède contre la carie, et nous pouvons ajouter qu'en Camargue il préserve les plantes de la rouille, malgré l'extrême humidité du sol souvent submergé ;

8º Il augmente les produits des prairies et des pâturages, et l'auteur fixe même à 14 hectolitres la dose nécessaire pour atteindre le maximum de la production. Sous notre atmosphère brûlante, cette quantité doit être fortement réduite et ne pourrait être employée qu'en dissolution dans les fumiers, et d'ailleurs, vu les couvertures annuelles d'engrais que nos prés exigent pour fournir à la production élevée que les trois coupes donnent et les nombreux arrosages auxquels les expose notre climat, ils réclament plutôt des engrais abondants qu'une surexcitation qui serait plutôt nuisible que trop active et de peu de durée, comme nous le voyons pour les tourteaux dont l'effet se montre à peine sur la deuxième coupe et disparaît sur la troisième.

Des évaluations aussi fortes de sel marin appliqué aux cultures que Sinclair indique dans les expériences recueillies en Angleterre ne sauraient être acceptées en France, et les essais tentés jusqu'ici les démentent profondément : aussi ne pouvons-nous les accueillir qu'en se reportant à l'extrême humidité de son climat, qu'au peu de chaleur qu'il manifeste au milieu de ses brouillards, qu'aux dernières limites de la culture des céréales qu'il embrasse, et par suite, qu'au

commencement de la région des pâturages qu'il recèle.

Aussi, en France, point d'exagération pareille,
mais aussi plus de force dans le climat, plus d'énergie dans la terre, et dès lors moins d'excitation à provoquer. En rapportant donc les expériences que nous
avons pu nous procurer pour déterminer la quotité
de sel nécessaire aux diverses cultures en France,
nous croirons être plus dans le vrai, plus dans la cer-
titude du succès.

D'après M. Lecoq, à Clermont, qu'on s'est complu
à citer comme offrant les meilleures garanties d'exac-
titude, il résulte que sur un champ d'orge en bonne
terre franche, le lot qui avait reçu une dose de 3 k.
par are avait donné le plus grand produit, soit près
d'un quart en sus, ce qui portait à 300 k. la mesure
de l'hectare.

2° Que sur un champ de froment un peu maigre,
léger et élevé, les résultats se sont montrés à peu près
les mêmes à la différence, toutefois, qu'on a cru remarquer que, vu la moindre énergie du sol, la dose
la plus rationnelle paraissait moindre d'un sixième,
ce qui la réduisait à 250 k. par hectare.

3° Que sur un champ de luzerne, le lot qui avait
le plus produit était celui dosé à 1 k. 1⟨2 par are, et
on induisait pour les fourrages légumineux la pro-
portionnelle à 150 k. par hectare.

4° Pour les pommes de terre, même quantité que
pour les grains.

5° Que pour les terres humides, la dose peut être

doublée, triplée et même quadruplée selon l'exigence des lieux sur celle assignée aux grains, ce qui nous rapproche des expériences citées par Sinclair, vu la même nature de terrain humide.

Il finit en exprimant l'opinion vraie que, comme pour les engrais calcaires, l'emploi du sel améliore la qualité du fourrage des prés humides, et a de plus sur les produits de toutes espèces, l'avantage d'augmenter leur saveur, de les rendre plus agréables et probablement plus nourrissants pour les bestiaux.

Enfin, que l'effet général du sel sur les récoltes a été d'augmenter tous les produits, mais en plus grande proportion les produits foliacés, et qu'il vaut mieux employer le sel en dissolution qu'en poudre, comme plus commode, mieux divisé et plus agissant.

M. de Beru, agriculteur de l'Ile-et-Vilaine, vient ensuite nous offrir des résultats tout aussi satisfaisants, quoique avec moindre quantité de sel, puisque avec 75 k. seulement par hectare, il affirme avoir obtenu de très-belles récoltes.

Qu'en outre, sur un champ de cinq hectares, qui avait souffert des rigueurs de l'hiver au point de faire craindre qu'il ne rendrait pas même la semence, il répandit une forte dose de sel sans en déterminer la quantité, qu'il le hersa au printemps et que la récolte en fut magnifique.

Il dit encore que sur un autre champ maigre et infesté de fougères sur lequel il sema du trèfle et qu'il divisa en six planches, les deux premières, qui avaient reçu 1 k. 1[2 par are, fournirent pendant 5 ans un fourrage fort beau, et enfin que, un dernier champ qui avait été fortement dosé en sel, il y avait 7 ans, continuait à donner des produits supérieurs aux autres qui n'en avaient point reçu.

Tout en négligeant de citer les nombreux auteurs étrangers qui ont aussi exprimé leur conviction sur l'efficacité du sel pour la fertilisation des terres, et que la discussion de la loi sur le dégrèvement de l'impôt fit connaître en 1846, nous ne saurions omettre une expérience qui eut lieu dans nos contrées, à Istres, petite ville de notre département.

Le président Cappeau, sur son domaine situé près des salines de l'étang de Lavalduc, dont la salure est si élevée en été, mit du sel marin à 15 pieds d'oliviers depuis une livre jusqu'à 15, en l'enfouissant dans une fosse circulaire au pied de l'arbre ; il en résulta que celui qui avait reçu 15 livres eut les feuilles brûlées qui se détachèrent rapidement, mais il ne mourut pas, et il acquit au contraire une grande vigueur par la suite : mais il fut reconnu que celui qui n'avait reçu qu'un kilogramme, soit de 2 à 3 livres (poids du pays), avait le mieux profité. Ce qui n'est pas étonnant, habitués qu'étaient les oliviers à vivre sous une atmosphère brûlante par ses excitations salines. Ces oliviers de la taille la plus élevée, pareille à celle du noyer, produisent une des plus belles variétés d'olives dite *saurine*.

Il ajoute avoir répandu également du sel sur les prairies naturelles, où s'il en mettait trop, l'herbe était brûlée pour reprendre plus belle l'an d'après, et si elle était en petite quantité, l'herbe devenait toujours rapidement plus haute et d'un vert plus foncé qu'aux environs qui en étaient privés.

De tous ces faits, qu'en déduirons-nous ? que si les sels alcalins sont utiles à la végétation pour l'activer, on ne saurait être trop judicieux et trop prévoyant dans leur emploi, car leur rôle étant de hâter la décomposition des engrais et de donner à la plante une surexcitation fébrile en quelque sorte, ils tendent à l'appauvrissement du sol et exigent des renouvellements d'engrais à précipiter.

Toutefois, si leur absence dénote l'infertilité du sol, et que ce condiment soit nécessaire et même indispensable à la vie active de la plante, on ne saurait porter trop d'attention sur la dose à administrer à la terre et s'assurer d'avance, par l'étude qu'il en aura acquis, du besoin qu'elle en a pour se diriger utilement, soit dans le supplément de fertilisation qu'elle réclame, soit pour l'appropriation des récoltes qu'on veut en tirer. C'est à la pratique et au jugement du cultivateur à le décider et à s'y soumettre.

Comme nous le répèterons, si la soude, par son évaporation aérienne ou par ses infiltrations terriennes, soit dès lors par les feuilles ou par les racines, trouve dans le voisinage des mers et des étangs salés, qui en multiplient les rivages, une aggravation à la vie végétale et par suite une surabondance de forces vitales que l'humidité seconde, ou un raccornissement que la sécheresse produit, elle trouve aussi dans la subtilité de l'air qui l'environne une expansion que l'absence de végétaux ligneux favorise, car, tout autant qu'en Egypte, il n'existe point ici de forêts aux bords de la mer, là où les alluvions dominent.

Mais à mesure que cet alcali se répand dans l'intérieur des terres, il devient moins âcre, parce qu'il est plus atomatisé, il se mitige, il se mélange avec la potasse et il finit par s'annuler tout-à-fait, alors que sur le littoral il reste violent, mordant et n'agissant que sur une végétation toute adaptée à ses émanations salines, toute vivante dans leurs excès.

Par contraire, la potasse, d'abord associée à la soude, s'y substitue entièrement en s'avançant plus avant dans les terres, elle accroît encore par suite des diverses combinaisons qu'elle subit à mesure que les chaleurs faiblissent, que le climat est plus rude, que les cultures sont plus exigeantes, que les engrais sont plus requis et les forces de la nature plus affaiblies.

Par suite de ces positions disparates entre elles, il est convenable de dire que, si l'humidité est nécessaire pour favoriser l'absorption du sel marin sur les plantes du midi, préparées qu'elles sont par leur organisation propre, il n'est pas moins vrai d'ajouter que dans le Nord la potasse, secourue dans sa déliquescence par les pluies qui n'y manquent jamais, doit être graduellement portée à son apogée de puissance pour hâter la fermentation des engrais et donner aux plantes cette chaleur factice et souterraine que l'âpreté du climat leur refuse.

Sur le tout, sagesse, prudence et jamais provocation outrée dans l'emploi de ces deux alcalis , si on veut éviter les troubles et les perturbations que leur exagération entraîne. Pas plus que l'homme et les animaux, les végétaux ne doivent être trop surexcités dans leurs fonctions, trop violentés dans leur essor, car la nature est là toute hâletante pour reprendre ses droits et pour le rappel de ses harmonies.

Les reproches qu'on peut faire à ces alcalis, à cause de leur cherté vénale, les rendent d'un emploi peu réalisable pour notre agriculture. Ils ont d'ailleurs, vu l'énergie du climat, des caractères trop prononcés d'âcreté et de causticité qui nuisent à leurs parfaites assimilations et les forcent à rentrer dans des combinaisons trop lentes à agir. Fort heureusement, ils peuvent aujourd'hui être avantageusement remplacés par les nouveaux sels à l'état de sulfate, solubles et facilement assimilables, que l'industrie salinière a découvert dans le résidu des eaux-mères des salines et qui sont livrés au commerce à un prix assez inférieur, mais qui pourrait l'être d'avantage. Ce qui pourra se produire devant l'accroissement de la consommation par l'agriculture.

Dans le mémoire que M. Cartier, ingénieur civil des salines de Berre, a publié à cet égard, nous avons applaudi à un ouvrage plein de faits et fort de raisonnements et il nous guidera dans les diverses appréciations que nous aurons à faire sur l'application de ces nouveaux sels sur nos cultures ; et si, vu la nouveauté de leur émission commerciale, nous n'avons encore aucune bonne expérience à relever, nous n'en conclûrons pas moins par analogie, en ne pas nous dissimulant les modifications notables que peut y apporter le climat, et ce sera en partageant sa propre conviction que nous éclairerons notre marche (1).

Dans les notions générales qu'il donne sur les avantages qui doivent résulter de l'emploi de ces engrais industriels et de l'importance qu'ils peuvent être pour la satisfaction de tous les besoins agricoles qui sont loin d'être remplis, il faut d'abord reconnaître avec lui que le végétal, d'après l'analyse qu'il fournit, est constitué par des matières organiques et minérales dont les éléments sont entièrement puisés dans le sol par les radicelles et dans l'atmosphère par les feuilles. Ce qui ne peut faire aucun doute.

Il dit ensuite que si le sol, en contenant les principes nutritifs nécessaires, ne les possède que dans un état imparfait de combinaison par manque de substances minérales, ou par insuffisance de leur apport, la plante dépérit et force est d'y apporter les agents stimulants qui lui manquent ; mais gare alors aux abus, ne cesserons-nous de dire.

Parmi ces agents, la soude et la potasse doivent fournir leur contingent, mais il y en a toujours un qui exerce une action prédominante sur l'autre, et quoique la soude soit moins absorbée que la potasse en dehors de son atmosphère maritime, elle n'en remplit pas moins un rôle important, et si elle varie dans ses proportions selon le climat et la situation

_______

(1) *De l'Emploi des sels salins en agriculture*, par M. J. Cartier, ingénieur civil. Aix, 1866.

du sol, elle n'en est pas moins nécessaire à la plante, et doit agir simultanément avec l'autre alcali.

Il ajoute que les aliments minéraux doivent se trouver en pleine dissolution pour pouvoir être absorbés par les racines seules, et ce sont les labours qui y aident; de plus, ceux-ci changent la nature des terrains en y introduisant de nouveaux composés résultant des transformations que ces aliments minéraux subissent.

Dans le chapitre 2e de son mémoire, M. Cartier pose en principe que les engrais alcalins sont indispensables à tous les végétaux, et qu'il n'en est aucun qui ne renferme dans ses tissus une plus ou moins grande quantité de sels à base de soude, de potasse et de magnésie, mais que les cultures, par leur avidité à s'en emparer, appauvrissent tellement le sol qu'il faut forcément lui restituer les pertes qu'il a subies ; c'est ainsi qu'il cite le trèfle et toutes les légumineuses comme essentiellement absorbantes.

Dans les analyses de M. Boussingault, dont il rapporte les tableaux, on voit les quotités affectées à la potasse lorsqu'on ne voit que des traces à peine sensibles de soude. Ainsi la première, dans la composition des betteraves, est représentée par 39 parties sur cent, lorsque la soude n'y figure que pour six, tandis que nous trouvons dans le *Journal d'agriculture pratique*, que, près de Dunkerque, dans la fabrique exploitée par M. Darin, les salins qu'on retire des betteraves récoltées à la proximité de la mer, *contiennent beaucoup de soude et peu de potasse* (1), et il semblerait

(1) *Journal d'Agriculture pratique*, 1867, tom. II, pag. 199.

résulter de là, comme c'est d'ailleurs prouvé, que la soude peut se substituer à la potasse sans nuire à la sécrétion du sucre.

D'où nous tirerons la conclusion suivante, qu'il est impossible que les données d'analyses exécutées dans le Nord se retrouvent être les mêmes que dans le Midi, alors que, selon le climat, l'un de ces alcalis peut se substituer facilement à l'autre. Nous ne pouvons dès lors adopter que sous de grandes réserves les doses trouvées dans le Nord, puisque nous ne pouvons les comparer à celles du Midi, faute d'expériences locales à leur opposer. C'est fâcheux à dire, et encore plus déplorable à exprimer.

Aussi, tout en nous avouant combien est puissant le rôle de la potasse sur la végétation en général, et combien même il est indispensable pour sa prospérité, nous ne pouvons également méconnaître que celui de la soude en Provence est augmenté de toute l'action sodique que le voisinage de la mer occasionne, accrue encore de toute l'influence des chaleurs solaires. Aussi, plus de force d'absorption et plus de tendance à s'approprier ce sel que l'atmosphère lui fournit si abondant et que son humidité rend si assimilable dans sa diffusion.

Or, si la soude entre ici dans de plus fortes proportions dans les principes intimes de la plante, la potasse doit diminuer de tout autant que l'autre augmente, et par là se trouvent encore plus détruites ou du moins erronées les bases des analyses proposées pour le Nord.

C'est avec ces restrictions dans l'esprit que nous aborderons non la composition des engrais minéraux que la science et l'industrie viennent offrir à l'agriculture, mais le droit de réserve que nous nous imposerons dans les limites à assigner à leur emploi par rapport à la différence des composés de la plante chez nous, différence que nous devons signaler malgré que nous ne puissions la déterminer, faute de bases pour nous éclairer.

M. Cartier nous dira que ces sels à l'état de sulfate sont produits par les eaux-mères, lorsqu'on en a extrait le sel marin, dont la cristallisation s'opère entre 25° à 32° Baumé. On pousse alors la concentration des eaux jusqu'à 35° pour obtenir un composé formé d'un mélange de sulfate de magnésie et de sel marin, qui porte le nom de *sel mixte*, et en continuant l'évaporation jusqu'à 38°, on recueille un mélange de sulfate de potasse, de sulfate de magnésie, de chlorure de magnésium et sel marin, appelé *sel d'été* ou *engrais alcalin brut*.

Ce produit, séparé des eaux qui l'ont déposé, est débarrassé par égouttage d'un excès de chlorure de magnésium, sel très-déliquescent, qui est en partie entraîné par les eaux.

Sa composition moyenne est la suivante :

| | | |
|---|---|---|
| Sulfate de potasse. . . . . . . . . . . | 258 | |
| Sulfate de magnésie. . . . . . . . . . | 124 | |
| Chlorure de magnésium. . . . . . . | 134 | 1,000 |
| Chlorure de sodium. . . . . . . . . . | 185 | |
| Eau. . . . . . . . . . . . . . . . . . . . . . | 299 | |

Il se vend 6 francs les 100 k. pris en gare de Berre.

Cet engrais renferme les éléments minéraux utiles aux plantes dans un état de bonne assimilation. La seule objection qu'on puisse lui faire, c'est de contenir du chlorure de magnésium, dont l'action pourrait être nuisible dans certains cas : mais pour éviter tout mécompte, on peut employer l'engrais alcalin brut en le mélangeant avec des engrais fermentiscibles, ce qui en fera un des engrais les plus complets et les plus énergiques.

Indépendamment de cet engrais dit *brut*, on en a obtenu un autre plus complet encore, dit *engrais alcalin sulfatisé*. Pour arriver à ce résultat, il suffit de traiter dans des fours le sel alcalin brut additionné d'acide sulfurique, et comme après calcination les chlorures sont décomposés, tout le chlore a disparu à l'état d'acide chlorydrique, et l'acide sulfurique prend sa place.

Sa composition suffira pour démontrer son efficacité :

| | | |
|---|---|---|
| Sulfate de potasse.............. | 323 | |
| — de soude............... | 282 | |
| — de magnésie............ | 366 | 1,000 |
| Eau, sel marin échappé à la décomposition, et matières insolubles.... | 29 | |

Il se vend 15 francs les 0|0 k. pris en gare de Berre.

Cet engrais d'un blanc mat, qui se pulvérise facilement sous des meules verticales, peut être utilement employé seul partout où le sol épuisé en matières sa-

lines sera reconnu assez riche en azote et en phosphates calcaires. Les terrains depuis longtemps plan-
tés en arbres de produit ou en vignes peuvent être
dans ce cas, et on ne pourrait mieux employer cet
engrais qui peut pendant plusieurs années fournir à
la terre d'autres éléments de fertilisation.

S'imaginer les quantités énormes que les salines
pourraient fournir de ces engrais à l'agriculture est
incalculable, et si de pareils engrais obtenus écono-
miquement à l'état de sulfates pouvaient l'être à celui
de carbonates, ce serait raviver l'agriculture et la ré-
générer dans ses terres les plus ingrates et les plus
délaissées.

Tous les terrains sont plus ou moins propres à favoriser et à accroître l'action fertilisante des fumiers
par l'adjonction des sels alcalins, et si ces mélanges
varient dans leurs effets, cela tient à la nature du sel :
et, à ce sujet, nous dirons avec le même que si, malgré
le pouvoir absorbant que le sol recèle, les terrains
légers et sablonneux sur lesquels cette fumure alcaline est appliquée éprouvent une déperdition plus
ou moins forte des matières solubles qu'elle possède
selon la perméabilité du sous-sol , on ne peut la pré-
venir qu'en l'appliquant après la saison des pluies et
les travaux de l'automne.

Et qu'au contraire sur l'argile plus ou moins compacte, point de pertes de substances utiles en enfouissant l'engrais composé immédiatement après son
apport sur le champ par un labour profond et avant
les semailles ou les plantations de vignes, tant ce

genre de terre est avide et prompt à le retenir et à s'en emparer.

Sur les terrains tourbeux et marécageux, riches, comme il dit avec raison, en matières organiques et pauvres en matières minérales, c'est à l'écobuage qu'il faut recourir pour corriger l'acidité du sol et à une fumure abondante pour dominer passagèrement, et non neutraliser entièrement la nocuité du sel, s'il existe dans la terre.

Enfin, comme complément à obtenir des effets du mélange des sels alcalins sulfatés avec les fumiers de ferme, il est à désirer que l'élément calcaire fasse partie constituante du sol, et son absence les réduira du plus au moins.

Quant à la quantité d'engrais alcalin que chaque terrain et chaque culture réclament pour atteindre l'apogée de leur puissance, comme aussi dans quelles proportions il doit entrer dans son mélange avec le fumier normal ou les engrais commerciaux qu'il doit compléter, nous dirons que tout doit être subordonné au climat et à la composition du sol, sur lequel on veut opérer. Ne voyons-nous pas en effet le sel marin s'effleurir dans le Midi sur les terres fortes et compactes, lorsque dans le Nord c'est sur les terres légères. D'où on peut induire que sur les terrains salans de nos contrées, c'est à repousser le sel dans l'intérieur que doivent tendre tous les efforts de la culture, et ce n'est que par d'abondants fumiers de ferme qu'on peut y parvenir, et non par des substances alcalines qui seraient plutôt nuisibles qu'utiles, puisque leur excès est déjà dominant.

Dans l'emploi qu'on peut tenter des engrais alcalins, même sulfatés, dont nous sollicitons vivement l'essai, il est nécessaire que chaque cultivateur, indépendamment de l'influence locale du climat, connaisse parfaitement la composition de sa terre pour savoir les substances alimentaires qui ont été absorbées par les récoltes précédentes et remédier à leurs pertes.

Il doit en outre se rendre compte de la manière la plus exacte, pour les récoltes à venir, des divers degrés d'épuisement qu'elles opèreront après elles à l'effet de pouvoir combiner l'action fertilisante du fumier avec celle stimulante de l'alcali qu'on doit y joindre, pour ne pas dépasser les bornes de la prudence la plus vulgaire et se lancer dans des exagérations regrettables sous un soleil aussi ardent que le nôtre.

Au surplus, les sages conseils de M. Cartier aideront à l'expérience personnelle qu'on pourra acquérir à cet égard, et si on ne peut entièrement adopter les données qu'il propose, basées qu'elles sont sur d'autres exigences de sol et de climat, qu'on les soumette à l'essai, que jamais on ne les dépasse, car nous pensons avec M. de Gasparin, que le Midi a moins besoin d'engrais que le Nord, et dès lors moins de stimulant à réclamer pour ses plantes.

Finissons : la tâche a été rude pour un agriculteur peu versé dans les sciences naturelles, mais désireux d'épancher les impressions de sa vie sur un sujet encore inexpliqué, quoique intéressant pour toute la contrée. En exposant des faits nouveaux à éclaircir, des questions importantes à résoudre, il espère pouvoir compter sur l'indulgence du lecteur s'il parvient à accroître ses connaissances agricoles pour les mieux apprécier dans leur ensemble. Toutefois, s'il erre sur quelques points ou s'il s'égare dans quelques appréciations, il n'en compte pas moins sur ses sympathies pour avoir soulevé des doutes et les avoir soumis à la discussion de la science, comme aux épreuves du fait. Toujours ses intentions seront jugées pures et droites à cause du motif élevé qui l'anime ; toujours elles excuseront son insuffisance devant les efforts qu'il a tentés pour réussir et pour répondre à la haute mission qu'il a essayé de remplir.

Heureux encore de pouvoir s'associer aux paroles si bien venues d'un des premiers savants de l'époque, il dira avec M. Dumas, de l'Institut :

« J'aimerais à voir cette eau des mers, où vien-
« nent aboutir et se confondre tous les résidus de la
« vie, séparée en deux parts, obéir à la main de
« l'homme : lui donnant dans les sels cristallisables
« qu'elle abandonne : *la soude, véritable aliment pour
« lui et pour les animaux, qu'il associe à sa destinée;*
« laissant dans les sels qui ne cristallisent pas, *la
« potasse, aliment indispensable à la vigueur des
« plantes qu'il met en culture.* »